U0382478

BOTANICAL CURSES
AND POISONS

THE SHADOW-LIVES OF PLANTS

［英］菲丝·印克莱特

著

BOTANICAL CURSES AND POISONS

毒物图鉴

THE SHADOW-LIVES OF PLANTS

植物的暗黑生命史

曾菡

译

人民东方出版传媒
People's Oriental Publishing & Media
东方出版社
The Oriental Press

献给基特：

　　感谢你能与我一起分享对那些美艳而又极度诡异事物的热爱，若是没有你的耐心和支持，这本书只会是个半成品，就连我的人生也要失去一半意义。

目 录

你是命运、机遇、君主和亡命徒的奴隶，

你整日与毒药、战争、疾病为伍；

婴粟和符咒同样能让我们入眠安息，

好过你的突然到来；你有什么得意的？

小憩过后，我们将永远醒来，

死亡将不复存在：死神，必死的是你。

——约翰·多恩《死神，你休要得意》

简介

如果你喝了很多标着"毒药"的瓶子里的水，
这种行为肯定迟早会害了你。

——刘易斯·卡罗尔《爱丽丝漫游仙境》

　　长久以来，植物与人类共享地球资源，毋庸置疑，人类物种的进化早与植物的历史紧密交织在一起。多种可以食用的植物，为人类身体提供了营养，让人类的身体更健康，陪伴人类挨过了贫困交加、饥寒交迫的岁月。同时，植物能做成衣服，能建成房子，为人们遮风挡雨。不仅如此，有些草药能治病救人，减轻痛苦；也能生长在我们归去之地旁边，寄托着人们的哀思。在古代宗教、传说和神话故事中，植物联结着人类与神灵，人类通过植物与大自然互动。

　　但并不是所有植物都能成为人类的朋友。在孩子的成长过程中，家长会告诫孩子们哪些植物会刺人，哪些植物会黏人，哪些植物不能入口。正是那些隐秘得让人意外的危险及"人畜无害的植物居然会伤害我们"的思想，激发了人类无穷无尽的想象力。从《哈姆雷特》（*Hamlet*）到《罗密欧与朱丽叶》（*Romeo and Juliet*）再到《安东尼与克利奥帕特拉》

（*Anthony and Cleopatra*），莎士比亚的许多经典戏剧都涉及植物中毒的暗黑情节。午夜入睡时，希腊人常给孩子们讲美狄亚（Medea）和伊阿宋（Jason）的故事，在故事中，女巫美狄亚用她的神奇草药和神秘魔法帮助伊阿宋找到并赢得了金羊毛；赫拉克勒斯（Hercules）和半人马涅索斯（Nessus）的故事也是如此，故事里的赫拉克勒斯最终死于欺骗和一件有毒的长袍。在英国的阿尼克城堡，诺森伯兰公爵夫人（Duchess of Northumberland）在意大利的美第奇毒药花园之旅中受到启发，她建造了一个自己的花园，里面都是有毒但没有治愈功能的植物，对于所有收藏在花园里的植物，她只有一个要求：背后要有一个精彩的故事。

当谈到花园里的危险时，颠茄（Deadly nightshade）、欧乌头（Wolfsbane）和荨麻（Nettles）会是我们能想到的常见"嫌疑犯"。光看这些名字，大多数有毒植物就在告诫我们：千万要远离它们，比如类叶升麻（毒莓，baneberry）、罗布麻（毒狗草，dogbane）、天仙子（毒鸡草，henbane）和毒鹅膏菌（死帽菇，deathcap mushroom）。有些植物本身就有毒，无论这些植物看起来像什么，人们都会将它们与基督教传说中的魔鬼联系在一起，所以诞生了大量诸如此类的名字：魔鬼之蜇、黑人之眼（黑人是对魔鬼的俗称）、魔鬼之爪、魔鬼之线、魔鬼之烛、魔鬼之指等。

　　不过，并非所有植物都会将毒性表现得如此明显，有些植物隐藏得很好，但其实它们和那些明显有毒的"远房亲戚"同样致命。许多园丁都曾在用车辆运输月桂剪枝时，被它们散发出的氰化物烟雾所毒害，甚至看起来人畜无害的马铃薯和番茄也可能导致严重的疾病。我们在日常生活中遇到的许多植物在某种程度上是有毒的或在某方面是有害的。在约2万种原生于美国或引进的种子植物中，大约700种具有毒性特征，而在世界的其他地方，这个数字还要更高。

　　也许这里面也有我们坚持接触这些致命植物的错。实际上，这些有毒成分就是防止被人类食用而进化来的，但我们仍在继续食用这些植物，而且不断研发更新式、精细的方法来避免那些不愉快的进食体验。例如，许多受欢迎的淀粉植物根茎中含有氰苷，如果不把根茎泡透、沥干，重复多次再磨成粉，那么这种氰苷就可能会致命，更不用说我们在吃某些植物之前都懒得做处理了。比如，许多人随心所欲地吃辣椒，甚至享受这种火辣辣的灼烧感，却不知道辣椒是颠茄的近亲。有毒的动物和昆虫会用鲜艳的颜色来警告捕食

者它们很危险，而多数有毒植物则依靠苦味或尖锐的刺痛感来警告尝试啃食它们的动物。对于那些反应太慢并且没有领会暗示的人们来说，毒药是一种更有效、更持久的解决办法。

但有毒并不总是意味着致命。有毒植物的官方定义是"当被食用或以其他方式被接触时，这些植物含有的物质能够使人类和动物产生不同程度的不适、具有不利的物理或化学影响，甚至导致死亡"[1]。在本书中，并不是所有植物都是天然毒药，有一部分是进化出其他手段来确保生存的植物。有一种叫作欧白鲜（*Dictamnus albus*）的植物，能散发出一种高度易燃的气体引发野火，从而烧毁它的竞争对手；还有绞杀榕，它会寄生在其他树的树枝上，缠绕着宿主的树干紧密生长，使宿主窒息腐烂，最后只留下一个空壳。

对植物世界来说，这是不幸的，是被诅咒的，是悲哀的。这些外表无害的植物却在整个人类历史中与巨魔、幽灵、谋杀、恶灵甚至魔鬼本身联系在一起。毕竟，谁不喜欢构思精良的鬼故事或悬而未决的谋杀案呢？植物与超自然现象之间的关

---

[1] Elizabeth McClintock and Thomas Fuller; *Poisonous Plants of California.*

联由来已久，而且错综复杂，我们对地球资源的依赖和对地球上各种危险的恐惧仍然是一种强烈的本能的召唤。几个世纪以来，人类一直教导孩子们关于蘑菇圈（俗称"仙环"）的危险性，甚至流行文化中的一些人物角色也以我们意想不到的方式与这些警示联系在一起。例如，莎士比亚作品中著名的顽皮小精灵帕克，它的原型是传说中的精灵之王，它的名字源于古英语 pogge，也是一种毒菌。

正是因为有毒植物的存在，森林、古树和沼泽这类植物茂盛的地方可能会令人感到恐惧。不仅如此，世界各地还涌现出了许多虚构的生物，以解释我们初到荒凉之地时那种强烈的不安感。布塔在古印度神话中是不安分的鬼灵，时常悄悄栖息在树上，伺机迷惑和吞噬那些粗心大意的人。希尔提姆是与布塔类似的鬼灵，曾经时常出没于波斯（今伊朗）的森林中。俄罗斯古谚语中也有这样一句话："所有的古树上，要么藏着猫头鹰，要么藏着魔鬼。"而在德国，农业是近几个世纪以来的支柱产业，每年的播种和丰收仪式催生了一代又一代的丰收精灵，它们为农民的生活提供帮助，更好地维持农民的生计。此外，人们还虚构了一些恶魔的存在，比如春田妖、大麦狼、草狼、偷玉米的恶魔，以及给存储在谷仓里的干草带来枯萎病的赫卡策和赫普德尔等。

在谈论恶魔和妖精时，人们会联想到更原始、更狂野的世界，但实际上，这些故事和其中蕴含的智慧大多延续到了 20 世纪，甚至今天仍以某种形式存在于我们的生活中。毕竟，在许多国家，现在人们仍然普遍认为，向身后撒盐可以保护自己、可以抵御恶魔的伤害，向孤独的喜鹊致敬可以驱赶厄运……这些看起来似乎是异想天开，但事实证明，数百年的迷信传统很难被完全消除。在 19 世纪末和 20 世纪初，学术界对民俗学的兴趣重新燃起，特别是在不列颠群岛，出版了大量研究和记录当地信仰的书籍和期刊。虽然这些故事为当时的农村生活提供了深刻见解，但大部分内容都是从当地人那里搜集而来的，因此具有很强的魔幻色彩。基于这个原因，读者应该以保留态度看待本书中的一些故事，以及那些被称为德鲁伊教和异教徒的神秘人物。

尽管德鲁伊教作为一种精神运动在今天仍然存在，但在古老著作中的德鲁伊教，尤其是那些涉及当地传说和神秘学讨论的著作，往往是夸大和不准确的。从历史上看，德鲁伊教是凯尔特岛（不列颠群岛内）宗教中的一部分，教徒多分布在高卢地区——该地区覆盖了欧洲的大部分且历史悠久。德鲁伊教的成员主要是牧师、教师、科学家、哲学家，其中最重要的成员是牧师。牧师以他们的神秘主义和权力为主题，已经产生了数百个故事，其中大多数都是为了戏剧效果而夸大的。因此，尽管金镰刀和献祭白公牛的概念可能会产生伟大的故事，但我们必须记住，它们可能只是广泛应用于德鲁伊教的浪漫概念，并不完全符合历史。

　　我们对德鲁伊教的认知同样适用于
"异教"这个笼统的术语。早期基督徒对人们
崇拜魔法和对魔鬼会产生恐惧，因而这个术语得
以广泛传播，尤其是在16世纪的女巫审判时期，更是
被频繁使用。"异教徒"一词最初源于晚期罗马基督徒对继续
信奉传统神灵而不信奉教会的农村人的侮辱，实际上从来都不
是一种公开的宗教身份，却定义了一种松散的宗教信仰体系和
生活方式，而具体的做法在古代和中世纪的欧洲也各不相同。

　　尽管有些传说可能是不准确或夸张的，但从本质上讲，大
多数民间传说是在警告那些粗心大意的人。比如，晚上不要进
森林；不要和陌生人说话；不要不尊重你生活的土地，善待土
地，就会得到福报。我们对地球资源的依赖是不可否认的，许
多早期的信仰体系将植物神圣化，这些植物构成了人类生计的
核心部分。因此，在世界各地都能找到大量的关于人与自然关
系的故事。虽然很多故事都是通过口头和书面的方式流传下来
的，但是讲述的却是那个时代人们的生活真相、价值观，以及
他们的生活方式。民俗学家克里斯蒂娜·霍尔（Christina Hole）
完美地总结了这个概念。

对于那些希望了解一个民族人民的本性和历史的人来说，这个国家的民间传说始终是非常重要的。

本书摘录了这些故事中的一小部分。

免责声明

本书仅供参考和娱乐之用。它不能作为医疗建议的来源，插图也不能用作准确的识别参考。在使用植物性药物之前，请先征询专业医生的意见。

……我们不满足于使用天然毒物，进而使用大量人工混合物，甚至还用我们自己的双手来制造毒物。而你对此有何看法？人类不就是天生的毒药吗？对于世界上那些中伤和诽谤他人的人来说，他们像可怕的蛇一样，从黑舌头里吐出毒液，此外，他们还能做什么呢？

——普林尼《自然史》

中毒史

早在枪支、炸弹和砷、汞等有毒化学元素流行之前，永久解决问题的常用方法就是利用自然资源。从克里奥帕特拉的毒蛇到亚历山大大帝和罗马皇帝奥古斯都的灭亡，自然界一直是致命武器的提供者，就像人类自行设计的任何武器一样。尽管历史上充满了战争和暗杀的故事，但许多引人入胜、令人难忘的谋杀是通过投毒的方式。正确使用对的毒药来解决麻烦的对手，这曾经是一项无价的技能。

人类历来擅长谋杀的"艺术"，尤其是在追求权力和自我发展方面。在早期历史中，就有许多悬而未决的中毒案例，甚至在基督教经典《圣经》中的《旧约》部分也有一例，是关于公元前159年大祭司阿尔基莫斯（Alkimos）的死亡。《七十士译本》（*Septuagint*）（现存最早的通用希腊语《圣经》译本）中关于他死亡的记载是中风的典型症状：精神崩溃和丧失语言能力，随后迅速死亡。但《圣经》中也记录了大祭司在去世前遭受了严重痛苦，这种痛苦在中风患者中不常见，却与欧乌头[①]的乌头碱中毒症状非常相似。在当时，欧乌头是一种常见且易于种植的毒药，就在大祭司阿尔基莫斯去世之前，他因为批准建造耶路撒冷圣殿而声望大跌，这个建筑被他身边的许多人认为是对神灵的亵渎。尽管人们普遍认为他的死亡是上天对他的惩罚，但后来的学者们认为，他的英年早逝更可能是人为投毒导致的。

你必须记住，投毒总是隐蔽的、有意而为的。这种犯罪不是一时冲动或随性而为的。这是一种早有预谋的犯罪。

——来自 1895 年 4 月 6 日，悉尼中央刑事法院法官威廉·温德耶对迪恩案的结案陈词

历史上最早的著名毒杀案之一是苏格拉底在公元前 399 年饮下毒参汁而死。这位著名的哲学家被指控腐化雅典的年轻人并拒绝承认国家的神灵，他的反民主方式影响了他的两名学生。雅典政府被推翻，雅典陷入了两个短暂而混乱的时期。为了恢复城市的民主法律，无数公民或被驱逐出城，或被迅速处决。

[①] 欧乌头：一种细长、竖直且有毒的多年生草本植物，分布在欧洲北半球温带地区，我国四川地区也有少量分布。欧乌头含有有毒的乌头碱，能够使动物窒息。它的各个部分都有毒，根结节处的毒性最强。

经过长达 12 个小时的激烈辩论，法庭决定苏格拉底必须为他在这场煽动骚乱中所起的作用付出代价，也必须死在他自己的手里。苏格拉底在众人的注视中喝下一杯毒参汁并承受它带来的痛苦。对这一场景最好的描述来自他的学生柏拉图，在《苏格拉底之死·斐多篇》详细讨论了苏格拉底的死亡和灵魂不朽的主题。

当苏格拉底看到刽子手时，他说："好吧，我的朋友，你是这方面的专家；我该做什么？"

"一饮而尽吧，"他说，"然后四处走动，直到你的腿感到沉重的时候就躺下，毒药会自行发挥效力的。"说着，他把杯子递给苏格拉底。

…………

他（苏格拉底）四处走动，当他说双腿感到沉重时，他按照那个人说的那样仰面躺了下来——然后那个给他下毒的人摸了摸他，一段时间后检查了他的脚和腿；然后使劲捏他的脚，问他是否有感觉，苏格拉底说没有感觉。之后，那个人又摸了摸苏格拉底的小腿，并且继续向上移动，向我们展示了苏格拉底的身体是如何逐渐变得冰冷和麻木的。不久后，他再一次触摸苏格拉底，同时说道，当寒意到达心脏时，苏格拉底就会离开人世。

这时，寒意已扩散到腹部的某个地方，苏格拉底轻扯下脸上的面纱——之前他的脸已经被严实地盖住，然后开始说话，实际上这是他说的最后一句话："克里托，我们欠阿斯克勒庇俄斯一只公鸡，请偿还这笔债，不要忘了。"

"不会忘的，"克里托说，"你还有什么话要说吗？"

对于这个问题，苏格拉底没有回答，但过了一会儿，他动了一下，当那人完全揭开他的面纱时，苏格拉底的眼睛已经直了。克里托看着他，走过去将他的嘴和眼睛合了起来。

这就是我们的同伴临终时的情形，艾克格拉底（斐多的谈话对象）。

——柏拉图《苏格拉底之死·斐多篇》

在苏格拉底时代，投毒是一种普遍的暗杀手段，这种手段可以神不知鬼不觉地除掉政治对手、令人厌烦的配偶或继子继女，甚至可以通过除掉年迈的父母来提前继承遗产。有毒植物，比如乌头、秋水仙、天仙子、曼德拉草、铁筷子、罂粟和红豆杉等，在大多数花园或野生植物园都很容易找到，所以投毒不仅方便，而且易得。

公元前331年，罗马首次记录了一起大规模的中毒事件。这次大规模中毒最初被谎称是由流行病造成的，但一名女奴向民选官员透露，真正的原因其实是一群罗马妇女在配制和使用

毒药。调查过程中
发现了大约有20位妇
女在暗中制造有毒混合物，
她们大都是富有的土地所有者。尽
管她们声称这些混合物是无害的，但为了证
明自己是无辜的，她们被迫喝了这些混合物，并很快死
去。在后来的调查中，另有170人被判犯有同样的罪行并被
处决。①

　　大约150年后，也就是公元前184年，罗马又发生了一起
大规模的集体中毒事件。对古希腊酒神狄俄尼索斯（Dionysus）
的敬奉、疯狂仪式和宗教狂热，是这次事件的导火索。狄俄
尼索斯的女性追随者被称为酒神祭司，她们陶醉于咀嚼洋常
春藤叶子之后的状态，这会让她们变得疯狂或极度兴奋，之
后会像醉汉一样在乡野里横冲直撞，用残忍暴力的手段袭击
他人和动物。这个邪教的分支带来了巨大的麻烦，以至于执
政官昆图斯·奈维乌斯（Quintus Naevius）花费了大量的公
共资金对此事进行了为期四个月的调查，最后以毒药罪审判
和处决了2000人。② 在四年后的公元前180年，官员们为了
遏制这件事对罗马社会造成的重大威胁，对这2000人做了进
一步判决。

　　公元前82年，罗马的投毒事件屡禁不止，将军兼政治家

---

① David B. Kaufman; *Poisons and Poisoning Among the Romans*.
② Livy; *Ab Urbe Condita*（*The History of Rome*）.

苏拉（Sulla）宣布投毒为死罪。制造、购买、出售、拥有或提供用于杀戮的毒药（尽管用于虫害控制和医疗实践的毒药仍然合法）属于非法行为，将被驱逐出境并没收财产。乌头是一种极受欢迎的园林植物，它的花朵不仅美丽，而且也有实用价值，所以在相关法律中特别提及了它。然而，苏拉的尝试和努力似乎对泛滥成灾的投毒事件影响甚微，因为81年后的公元前1年，著名讽刺作家朱文诺在评论精英人士道德沦丧时声称，为个人利益而投毒已经成为一种身份象征。

还需要我接着说咒语和春药，配制毒药或者杀害继子吗？……贪婪通常是犯罪的根源：人类对奢侈财富不加控制的渴望，造成了对毒药配方的精益求精，还有随处可见的草菅人命和滥杀无辜——人类思想犯下的任何错误都无法与之相提并论。渴望发财的人迫不及待地想要变得富有；对于一个贪婪而又急于暴富的人，你怎能指望他敬畏法律，有惧怕或羞愧之心呢？

——朱文诺《讽刺集》

在罗马皇帝的历史和帝国的动荡兴衰中，毒杀无疑是一个重要的特征。其中一个著名的政治人物是洛卡斯塔（Locusta）——臭名昭著的毒枭，她暗杀过多个知名目标，包括在公元54年死于毒蘑菇的克劳狄皇帝（Emperor Claudius）。

洛卡斯塔是高卢人，与卡尼迪亚（Canidia）和玛蒂娜

（Martina）一起，被并称为臭名昭著的三名女性投毒者，也被称为"毒使"——"使用投毒术和巫术的人"，这个词被用来指投毒者或毒药制造者。关于洛卡斯塔的早年生活，人们知之甚少，她来到罗马时，已对草药知识了如指掌，并把毒参、毛地黄、龙葵和罂粟保存在她的宝库里。她在动物身上测试草药的提取物，并且以致命剂量来进行动物科学实验。尽管她在职业生涯中至少两次入狱，但每一次富有的赞助者都能让她重获自由——他们需要她的特殊技能。塔西佗（Tacitus，古罗马元老院议员）在《编年史》（*Annals*）中这样描述她。

她就是著名的洛卡斯塔。这名妇女最近被谴责为从事秘密交易的毒贩，她是听命于政府的工具，服务于阴暗的野心。

有一段时间，洛卡斯塔受雇于小阿格里皮娜皇后（Empress Agrippina the Younger）——克劳狄皇帝的外甥女，同时也是他当时的妻子。为了给亲生儿子尼禄（Nero）铺路——小阿格里皮娜皇后与前夫的孩子，小阿格里皮娜派洛卡斯塔刺杀克劳狄皇帝，而事实上，这时的洛卡斯塔因早先的投毒指控正在被监禁。后来，尼禄雇用洛卡斯塔除掉了他的继兄——克劳狄皇帝的儿子——布列塔尼库斯（Britannicus）。作为交换，洛卡斯塔被完全赦免并得到了一处乡间庄园，还有人被送来学习她的下毒技术。后来，尼禄也开始向她学习下毒，比起洛卡斯塔常用的天仙子碱，他更喜欢见效较快的氰化物。洛卡斯塔最后一次为尼禄所用是在公元 68 年，尼禄逃离罗马时，他从洛卡斯塔那里得到了一种毒药。如果他想自杀的话，随时可以服毒，但是最终他以其他方式死去。

不仅仅罗马人擅用毒药，公元前 114 年—公元前 63 年的本都国王米特里达梯六世（Mithridates VI）更是一项奇例，他非常害怕自己中毒而亡，所以每天都服用少量毒药以增强免疫力。在公元前 63 年的米特里达梯战争中，当他被罗马人俘虏时，因不愿意被活捉而试图毒死自己，结果不出所料，他对毒药有免疫力，因此活了下来。

米特里达梯六世在位期间，花了很多年给死刑犯施用毒药，来测试他制造的解毒剂的效果。与当时大多数的医疗实践一样，这些实验深受宗教影响。米特里达梯六世会随身带着一队斯基泰萨满教巫医，这些巫医指导他进行多项研究，对国王的执政产生了显著影响。萨满教巫医是下毒和解毒方面的专家，他们来自亚速海北部的阿加里部落，也就是今天的乌克兰。据说他们曾在战场上救过国王一命，在国王大腿的伤口上涂了蛇毒来止血。尽管米特里达梯六世宫廷里的人们都害怕这些萨满教巫医，认为他们是神秘的北方人，但萨满教巫医确实对人们了解和应用许多剧毒植物作出了贡献。

本都的土地上从不缺乏米特里达梯六世做研究所需的资源。有一种蜜蜂以夹竹桃和杜鹃花蜜为食，这种蜜蜂酿出的蜂蜜富含致命的神经毒素，而以柳树为食的海狸则因其肉质中含有大量水杨酸而备受赞誉。本都的东部盟友亚美尼亚以湖泊中盛产毒鱼和毒蛇而闻名于世。鸭子的食物中含有铁筷子和颠茄，这对鸭子毫无伤害，甚至是鸭子体内某种成分的来源。普林尼特别指出，米特里达梯六世制造的毒药中使用了这种成分："这是在本都某一地区发现的一只鸭子的血液，据传这种鸭子靠吃有毒植物为生，后来这只鸭子的血液被用来制作米特拉达图姆①，因为鸭子吃有毒植物却没有受到伤害。"

米特里达梯六世最终发明了一种被称为万用解毒剂的配方，可以对抗多种常见毒药。这种解毒剂非常成功，罗马人翻译并采用了这个配方，在米特里达梯六世被庞培大帝打败后仍然继续使用这种解毒剂，甚至在他死后人们依旧对这种解毒剂进行研究。目前唯一留存下来的万用解毒剂配方是由普林尼记载的。除了包括数十种当时最著名的草药，药方中还有 54 种

———————————

① 解毒剂。

微量毒药。虽然有记载说这种万用解毒剂是真实存在的，甚至广为人知到有一段时间它成了解毒剂的代名词，但是普林尼列出的成分中没有一种是以抗毒而闻名的（除了一些温和的泻药，如大黄根）。今天的历史学家仍在争论它的解毒功能是真实的还是虚构的，甚至有人猜测，这可能是米特里达梯六世自己散布了这个灵丹妙药的传说，以隐藏他真正的秘密：他是通过每天接触毒药而增强了对毒药的抵抗力。

不管真实性如何，这个故事已经成为一个著名的典故，甚至出现在著名的阿尔弗雷德·霍斯曼的诗歌中。

从前在东方有一个国王：
在那里，国王们享用盛宴，
不知肉里可有毒、酒里会有药，
他们已然大饱。
他在毒物汇聚的大地上，
采撷一切生命的汁液；
一点点，到更多，
他把致命的毒藏尽数网罗，
他高踞宝位看觥筹交错，
轻松，嬉笑而又老练。
他们在他的肉里放砒霜，
睁着大眼睛看见他吃光；
他们在他的酒内倒士的宁，

诧异地看见他一饮而尽；

他们看着，颤抖着，

他们脸色惨如白衣，

下毒之人反害了自己。

我说这故事也是听人说道，

米特里达梯活到了老。

——阿尔弗雷德·霍斯曼《西罗普郡少年》第六十二篇

　　到了 16 世纪，砷等有毒化学品的使用越来越普遍，尤其是在欧洲。摄入砷的症状与染上霍乱相似，霍乱在当时是一种常见疾病，因此砷中毒为铲除异己提供了完美办法。毫无疑问，此时欧洲的投毒行为仍然与当年的罗马一样盛行，到了 19 世纪，砷被通俗地称为"遗产粉"。

　　在这类阴谋中，最臭名昭著的是波吉亚家族和美第奇家族，这两大著名的意大利家族一共产生了五位教皇和两位法国摄政女王，两大家族里有许多人是犯罪嫌疑对象。波吉亚家族滥用法律，将受害者的财产归还给教会（其实就是归还给波吉亚家族），从而积累了巨额财富；而美第奇家族中最著名的凯瑟琳夫人和玛丽·德·美第奇夫人据说有藏在墙内的密室，里面有 237 个小柜子，每一个柜子里都藏着毒药。尤其是凯瑟琳夫人，她是一位法国国王的妻子和另外三位法国国王的母亲，她常干涉国家事务，并与多宗神秘又易于达成的死亡事件有牵连。

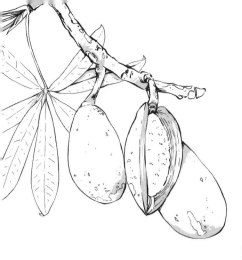

到1531年，亨利八世宣布"蓄意投毒谋杀"是叛国行为，所有被指控投毒的人将被活活煮死。这在一定程度上可能是亨利八世对欧洲各地广泛发生的政治暗杀的一种反应，因为亨利八世本人非常担心自己会遭遇这样的命运，而中毒也被认为是导致他前妻——阿拉贡的凯瑟琳——死亡的原因。然而，这项法律很可能是国王为了让自己办事方便而制定的。颁布这项法律的时候，一个名叫理查德·卢斯（Richard Roose）的厨师正在监狱服刑，亨利八世国王涉嫌雇佣这名厨师去刺杀约翰·费舍尔主教（Bishop John Fisher）。费舍尔曾经是亨利八世国王的家庭教师，后来他在国家事务上反对亨利八世国王，卢斯则被雇来在费舍尔的食物里下毒。然而，宴会当晚，费舍尔身体不适，吃不下饭，于是两个仆人吃了没人要的肉汤。卢斯因仆人的死亡而被捕，但他不能解释为什么食物被下了毒，亨利八世国王也不可能让他获释。议会匆忙将卢斯定为投毒罪，对其进行了严格的审判，仿佛他毒杀的是皇室成员，而不是两个偶然吃了毒药的仆人。卢斯接受了审判，被判有罪后又被煮沸处决，所有这些都是在卢斯犯罪后的六周内执行完毕的。

　　除了卢斯，另外只有两个人受到过这种非同寻常的惩罚：一位是来自金林恩（King's Lynn）的无名女仆，另一位是玛格丽特·戴维斯（Margaret Davie）——她毒死了她为之工作的三个家庭的所有成员。该法案后来在 1547 年被亨利八世国王的儿子爱德华六世（Edward VI）废除。六年后，爱德华六世被认为死于中毒。

啊，我的兄弟们，保重！保重！

伟大的白女巫今晚就骑马出去。

哦，我的弟弟们，当心！

不要看她的美丽灿烂；

她的目光中有圈套，

她的笑颜让人枯萎。

——詹姆斯·韦尔登·约翰逊《白女巫》

智慧女性和女巫

在 16 世纪的欧洲毒杀狂潮之后，人类的历史发展路线及人类对暗杀的热爱转移到了化学战争和机械战争上。特别是对一部分人来说，"投毒者"的指控持续了很多年，并给他们带来了可怕的残酷后果。如果你想理解这一切的全部含义，我们必须先从几个世纪前开始讲起。

14 世纪引发了对药剂师长达三个半世纪的狂热仇恨，这些药剂师大多是女性，她们被认为行为怪异或具有治疗疾病的天赋。那场规模浩大且旷日持久的征讨得到了基督教会和政府的认可（当时，政府与教会纠缠不清，几乎融为一体），并引发了一场集体的狂热运动，大约有 63850 名女巫（据官方记录，不包括那些未计入其中的与治安法官发生冲突的人）被烧死、淹死、绞死或压死。

没有什么比植物学更能引起古人好奇的了。现在仍然有一种信念，认为这些现象（月相）来自符咒和神奇草药的强大力量，而研究这些现象所代表的科学是妇女的专长。

——普林尼《自然史》

即使在 14 世纪，女巫对世界来说也不是一个新概念。普林尼经常写到当地的"智慧女性"，她们因拥有治愈或诅咒的能力而广为人知，并受人追捧。女巫们效忠于希腊的地狱女神赫卡忒（Hecate），她掌管着巫术和魔法。赫卡忒的女儿喀耳刻（Circe）和美狄亚则以拥有神秘的草药药典而闻名于世。那些毒草药尤其令人惊叹。

从罗马早期的记录来看，甚至可能在更早之前，植物毒素似乎就与女性及女巫密切相关。这是弱者对抗强者的武器，是一种无形的、也无法追踪的恐惧之源。自古以来，毒药就被认为是女人对抗男人的武器。雷金纳德·斯考特（Rginald Scott）在《巫术的发现》（*The Discoverie of Witchcraft*，1584 年）一书中指出："女性是投毒艺术的第一发明者和实践者，她们比男性更自然地沉迷其中。"一直到 1829 年，在罗伯特·克里斯蒂森（Robert Christison）的《毒药论》（*A Treatise on Poison*）中也有同样的描写："在每一个历史时代，投毒的艺术主要归功于女性的科学培养。"

女人，尤其是普林尼笔下的"智慧女性"，既让人尊敬，又令人畏惧。她们既掌握了杀戮的技能，又拥有治病的知识，没有人比她们更了解当地的植物，在整个欧洲，她们扮演着助产士、护士甚至预言家的角色，她们观测天象，预测第二天的天气。所有知识都是依靠口头相告的方式代代相传的，没有任何文字记录，但是这些技能始终没有得到官方的认可。她们之所以会遭遇迫害，最重要的原因是没有得到基督教会的认可。

"行邪术的妇人，不可容她存活。"

——摩西《圣经·出埃及记》

教会对其他势力持批判态度。这些女性治疗师不像教会自己的医生那样被上帝神圣化，她们被视为对教会权威的威胁。希腊和罗马的医生对早期医学的深入研究几乎被知识界所遗忘，医疗服务也改为由在欧洲大陆如雨后春笋般涌现的修道院医院提供。然而，这些医院能提供的充其量只是最基本的护理，而且往往是治标不治本。

直到 13 世纪，一些旧书的新译本才开始出现，为医学院填补了一些知识空缺。但是这个时候，经教会批准的医学院和医生的技能已经远远落后于那些多年来一直实践着她们祖先知识的女巫。

树篱女巫的顽强存在及普通民众对其治疗能力的信任对教会构成了威胁。教会针对她们发起了一场尖锐而恶毒的宣传运动来改变公众舆论，并在欧洲的每一个教堂里宣扬这些妇女的危险。其中，最著名的是《圣经·出埃及记》中那句腐朽的咒语："行邪术的妇人，不可容她存活。"这句咒语被认为是席卷欧洲大陆的狂热围剿女巫行动的主要原因，即使在今天，这句咒语仍然存在于大多数版本的《圣经》中。这句咒语的希伯来语是 mekhashepha，但在《七十士译本》中被直接改为 pharmakeia，意为"投毒者"。 这种简单方便的"新式"翻译为早期的猎巫者提供了传播仇恨所需的借口，他们借助上帝的名义使迫害女巫的行为神圣化，为围剿女巫提供了充分的理由。

13 世纪以前，教会一直宣扬疾病是上帝对犯罪者的惩罚，但现在宗教裁判所改变了他们的教义，宣布疾病特别是那些他们自己的医生无法治愈的疾病必定是巫术的产物。女巫被认为是魔鬼的代理人，篡夺了上帝的力量。她们所创造的奇迹，就连教会的医生也无法与之匹敌，这直接与《圣经》产生了矛盾。在《圣经》中，只有上帝才能做奇妙的事情。如果这些女巫也能获得某种强大的力量，上帝就不可能是唯一能够创造奇迹的人。

法国圣克劳德的大法官亨利·博盖（Henri Boguet）是对女巫进行惩罚的最严厉的人之一。他的著作《论邪恶的巫师》（*Discours Exécrable des Sorciers*）非常受欢迎，20 年间重印了12 次。到 1590 年，仅他一人就下令处决了 600 名女囚犯，因为他认为她们是"天堂里最致命的敌人"。这位大法官声称女巫们的"治疗"只会使疾病进一步加重，这样才能让她们保持住控制男性的权力。很大程度上正是受到他的影响，这种反对女巫的狂热情绪才会在欧洲传播得如此之远。就像他在著作中所说的那样："德国随处可见想要烧死女巫而引发的火灾。为了抓获她们，瑞士被迫摧毁了许多村庄。在洛林，旅客们可能会看到成千上万的女巫被绑在木桩上面……"

对"智慧女性"和乡村医师的指控源于迷信，基本上是毫无根据的。人们相信，女巫们才华横溢，不仅能让男人互相攻击，

还能引发

牲畜瘟疫和风暴，

也能让女人不孕。她们唯一不能做

的事情就是直接杀死一个人，但是她

们能用魔鬼赠予的毒药来杀人（根据博盖

的说法，魔鬼对地球上的每一种植物都了如指

掌），即使是巨大的罪行也在她们的掌控之中。直到

17世纪，人们还认为助产士是"魔鬼的幸运宠儿"，因为她们掌

握的那些关于分娩和女性身体的神秘知识并不是致命的。

　　近年的理论认为，女巫审判是1517年宗教改革期间的一种宣传形式，当时教会分裂为天主教和新教两个派系。在整个欧洲大陆经历了长久的农作物歉收时期和小冰期生态灾难之后，寻找替罪羊来为这些苦难负责似乎是合情合理的，同时还有一个额外的好处，即能够提醒人们，教堂及其新分支机构会给人们提供保护来应对这种威胁。

　　一时间，反对女巫的狂热情绪遍布欧洲各地，新闻和迷信的传播速度很快，恐惧气氛进一步蔓延。最后的女巫审判发生在1692年，在经历了幻觉和疾病侵袭后，19个被认为是女巫的人在美国马萨诸塞州的塞勒姆被处决。被告者大多是老年妇女，几乎是寡妇，身体和精神健康状况大多不佳。虽然现在普遍认为在塞勒姆出现的症状是由麦角菌感染的面包引起的，但在当时，她们被判处投毒罪和破坏城镇罪，随后被处以绞刑。

这件事与公元前 184 年发生在罗马的事件一样，当时 2000 名所谓的女巫被处决，这是另一个由反对女巫的狂热情绪导致大规模屠杀的典型案例。

巫 药

一旦你尝过飞行的滋味，在地上行走时，你将永远仰望天空，因为你曾经在那里，你永远渴望回到那里。

——列奥纳多·达·芬奇

对女巫最为人熟知的指控之一是女巫能够飞行，以便参加魔鬼定期举行的安息日。据说安息日那天有各种各样的狂欢，包括"侍从们骑着会飞的山羊，脚踩着十字架，把袍子献祭给魔鬼，以魔鬼的名义重新受洗，之后回吻魔鬼，背靠着背围成圈跳舞"[1]。现在许多关于历史上女巫的刻板印象仍然会提到这些赤身裸体的舞蹈狂欢，但我们所知道的"官方"记录大多是在对女巫审判期间撰写的，引用的是女巫在酷刑下承认的罪行，并由从未参加过那些狂欢的牧师撰写。对于"官方"而言，这些都是有效的宣传手段，可用来宣传女巫们的邪恶。

直到现在，人们仍然普遍相信女巫能够通过山羊、扫帚或其他方法来飞行。那么这种飞行能力是从哪里来的呢？人们观察到，在审判中被捕的女巫并不能真的飞起来，而是使用了一

---

[1] Francesco Maria Guazzo; *Compendium Maleficarum,* 1608.

种"飞行药膏"，这种飞行药膏是多种精神活性植物的混合物，可以引发飞行的幻觉。这并不是什么新发明，这种绿色药膏在荷马的《伊利亚特》和阿普雷乌斯的小说《金驴记》中都提到过。在公元 2 世纪的罗马故事中，一个女巫用一种药膏把自己变成了猫头鹰。在更早之前的希腊神话中，赫拉女王使用一种叫作"仙果油"的混合物飞到了奥林匹斯山（诸神的住所），这种混合物可能就是上面提到的"飞行药膏"。

在这些故事中，巫药从未与魔鬼联系在一起，它似乎渐渐被历史遗忘了，直到 1324 年，巫药才再次出现在对爱尔兰女巫爱丽丝·凯特勒（Alice Kyteler）的审判中，爱丽丝被怀疑毒害了她的第四任丈夫。逮捕爱丽丝的人在她的家里发现了一块圣餐面包，上面印的不是基督耶稣，而是恶魔的名字，另外还有一罐药膏，爱丽丝就拿着它，悠闲地飞驰在大街小巷……[①]

在神职人员记录的听证会上，被告从未主动提及飞行或瞬移的技术，但教会及其猎巫者对此非常感兴趣。听证会上记录的大多数秘法都是由牧师（如雷金纳德·斯考特的《巫术的发现》）或者后来的学者编写的（一个很好的例子是植物学家威廉·科尔斯于 1656 年编写的《简化的艺术》），因此我们现在知道的大多数秘法可能在某种形式上是不准确的。不过，当时使用的成分和技术与现在有相似之处，我们可以大致推断出巫药的成分。

---

① St John Seymour; *Irish Witchcraft and Demonology*.

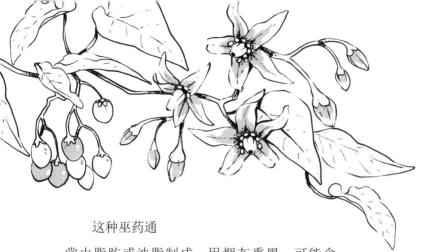

这种巫药通

常由脂肪或油脂制成，用烟灰熏黑，可能含

有致命物质，如颠茄、曼德拉草、曼陀罗、天仙子、欧乌头和毒参。这些植物在欧洲自由生长，很容易采集到；此外，它们易被人体吸收，即使接触的是完好无损的皮肤，也能导致运动障碍、心律不齐、头晕或兴奋等。上述植物中，欧乌头和颠茄，因其对心脏的破坏而闻名于世。正如玛格丽特·默里（Margaret Murray）在《西欧的女巫崇拜》（*The Witch-Cult in Western Europe*）中所写的那样："人在入睡时，心脏的不规律跳动可能会让人产生突然从空中坠落的感觉，这种感觉大家并不陌生。那么，像颠茄之类的迷幻药与一种能令心脏产生不规律活动的药物（如欧乌头）结合起来，很有可能会产生飞行的幻觉。"在 20 世纪初，德国民俗学家威尔·埃里希·佩克特博士（Dr. Will-Erich Peuckert）用煤烟、植物和脂肪的混合物做了试验，并亲身体验了这种感觉。他写道："在梦中，我们经历了狂野又受限制的飞行，接着是混乱的狂欢，就像一年一度的露天交易市场上的狂野喧闹，最后发展到性欲的放纵。"

茄科植物所含的毒素还能让人产生变成动物的幻觉，据说女巫也有这种能力。那些关于意外被这种植物毒害的人们的报

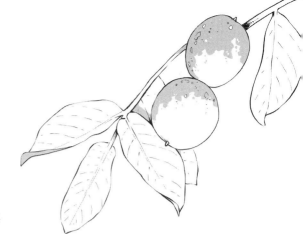

道，描述了受害者幻想自己长出多余的毛发、耳朵甚至羽毛的现象。[1]16世纪的学者吉安巴蒂斯塔·德拉·波塔（Giambatista della Porta）在其著名的作品《自然魔法》（*Magiae Naturalis*，又名 *Natural Magic*）中讨论了这些现象，该书对巫药展开了深入描述，特别是一种导致极度口渴、视力受损和四肢乏力的巫药，而这些都是变狼狂的常见症状。巧合的是，这些症状也和阿托品的中毒症状相似，而阿托品就存在于天仙子、曼陀罗和颠茄中。

还有几个关于女巫休眠飞行的例子。第一个是德拉·波塔记录的，与他对一个女巫的研究有关，这个女巫睡了很长一段时间都无法被唤醒。宫廷医生安德烈斯·费尔南德斯·德·拉古纳（Andrés Fernandez de Laguna）这样写道：在我面前的这个人从头到脚涂满了药膏，尽管有人试图叫醒她，她还是连续睡了36个小时。当她终于苏醒过来时，她声称自己被"世界上所有的快乐和喜悦包围着"，还得到了一个"健壮青年"的青睐。最后一个例子来自一名法国医生的观察，他观察了几名女性的休眠飞行。一位波尔多女巫睡了5个小时，当她醒来

---

① Claire Russell and William Moy Stratton Russell; *The Social Biology of the Werewolf Trials*.

时，能够准确地告诉医生她睡觉时外界发生了什么。另外 7 个女人在他面前精神恍惚了 3 个小时，之后告知了在她们居住地方圆 10 英里以内，发生的几件可以被证实的事。只不过，这些女人认罪之后就被烧死了。

万物都是毒药，没有什么是不含毒的，不能抛开剂量来谈毒性。

——帕拉塞尔苏斯

治愈与杀戮

本书迄今为止提到的许多植物因其致命特性而为历史所知，但如果不提它们在医学领域所发挥的作用，对这些植物是不公平的。尽管近几个世纪以来，我们对药物、剂量和更安全的替代品的了解有了显著增加，但这些兼具有益和有害特性的双重性植物，无疑在历史上赢得了一席之地。

死亡和治愈通常相伴而行，许多植物被视为这两个领域的代表，被分配给同样拥有这两种能力的早期神灵。在世界各地，有许多这样的神灵。苏美尔女神古拉（Sumerian goddess Gula）被誉为伟大的疗愈者，然而她也用有毒的草药诅咒作恶者。奥莫鲁（Omolu）是神圣的伏都教瘟疫医生（也被称为 Babalú-Ayé，或约鲁巴宗教中的 Sakpata），他是一个蔓延疾病也治愈疾病的神灵。这种双重性甚至反映在希腊语单词 pharmakon 中，我们从这个单词衍生出了 pharmacy，它的意思可以是"治愈"，也可以是"毒药"。

一些植物被用作早期麻醉剂（只要剂量合适），而另一些植物则被用作早期的泻药（剂量多少均可），以排空胃和肠道中不需要的东西。毒性越大，味道越苦，不过用糖或蜂蜜就能轻易克服这一点。许多患者为了治病不得不接受折磨人的治疗——有时候，治疗反而成了他们最终死亡的原因，就像他们身上的疾病一样。

乔治·华盛顿（George Washington）就是这种治疗的不幸受害者之一。1799 年，他因喉咙痛和发烧而病倒，如果让他一个人待着，他很可能已经康复了，但有报告称，过分热心的医生给他放了 4.5 品脱的血（平均每个人体总共含有 10 品脱的血），然后给他注射了三剂氯化汞，并进行了一次净化灌肠。之后，医生又给他开了几剂催吐酒石药，用来清洗肠胃，并在他的喉部和脚上涂了一种起泡化合物，目的是让水泡吸出导致疾病的有害元素。早已因疾病而虚弱不堪的华盛顿在医生抵达不到 24 小时后就去世了。

排毒是非常危险的事情，尤其是给病人开这种处方，但在过去的几个世纪里，这种做法很猖獗。1517 年出版的《西昂修道院草药》（*The Syon Abbey Herbal*）一书建议："将黑铁筷子、熊葱、天仙子、醋、白泻根与陈年油脂混合在一起做成药膏，必要时，将药膏涂抹在患者的手脚上。"这些成分会被皮肤吸收，有助于排毒。据说有些植物甚至能够控制排毒的方向——阿巴拉契亚人（Appalachian）坚信，如果将穿叶泽兰（*Eupatorium perfoliatum*）的叶子向上剥离，它们将激发向上的排毒作用；但向下剥离会让它们变成一种泻药。实际上，无论用哪种方式将叶子从茎上去除，排毒都是双向的。

小剂量的有毒果汁也可作为麻醉剂，尽管这种麻醉剂并不总是可靠的。已知最早的一种医用镇静剂出现在 2000 年前，由毒参、曼德拉草和天仙子组成。人们将这些植物的汁液浸泡在海绵中，然后把海绵晾干，有需要时，将其浸泡在热水中，产生蒸汽供患者吸入。[①] 这种催眠海绵被称为 "dwale"，该词源于丹麦语 "dvale"，意为 "致命的恍惚"。后来，这个词被收入英语词典，它也成为麻醉剂一词的替代术语。1986 年，在苏格兰的法拉，一座被称为 "苏特拉走廊" 的中世纪医院和教堂被挖掘出来。在地窖里，人们发现了毒参、天仙子和罂粟的种子，这些种子很可能是为了以同样的方式来配制麻醉剂而储存的。

形象学说

虽然罪恶和撒旦让人类陷入了一片虚弱的海洋，但上帝仁慈，在他的一切工作之上，他使青草生长在高山上，在药草身上印上了独特的形状，而且给了它们特殊的标记，使人可以清楚读懂它们的用途，以供人们使用。

——威廉·科尔斯《简化的艺术》

形象学说是帕拉塞尔苏斯在 16 世纪早期提出的一个医学

---

① Stephen Pollington; *Leechcraft: Early English Charms, Plant Lore, and Healing.*

概念，其理论认为，与身体某部位相似的植物一定有助于治疗对应部位的疾病。基督教神学家很快就抓住了这个概念，他们声称是上帝创造了这些形象，是为了向人类展示植物的有用之处。相似之处可以从标本的形状、树叶的图案，甚至颜色中解读出来。红色植物被认为对心脏有好处，黄色植物对脾脏有益，绿色植物有利于肝脏，黑色植物有利于肺部。胡桃的形状酷似大脑，是治疗头痛和头晕的理想选择；豆类对视力有好处；葵花籽有助于缓解牙痛；吃草莓被认为是治疗心脏病的有效方法。有许多以假定能力被命名的植物，在今天仍然被沿用，如肺草、肝草和明目草。想象力——而不是严谨的实验——成为鉴定植物是否具有治疗功效的最受欢迎的方法。事实上，如果这些植物起作用了，那么很可能只是运气或者是人们的心理安慰罢了。

不幸的是，那些提倡该学说的人列出来的大量植物并不具备与其名字相似的治疗特性，如马兜铃（birthwort，马兜铃属植物）。由于马兜铃在形状上与子宫和卵巢相似，因此那些人觉得它"肯定"是治疗与分娩有关的理想药物，尤其是在产后排出胎盘方面。然而，马兜铃具有剧毒，可能会导致严重呕吐、肾衰竭甚至死亡。因此，即使是出于好意服用，它也有可能导致孕妇流产或死亡。

自然而然地，这一荒诞的学说在 19 世纪就不再流行了，而今天它仍然在某些地区作为一种民间医学的形式被使用。

植物 A 到 Z

苹果（Apple）: *Malus domestica*

我必会寻得她的芳踪

亲吻她的唇

再执起她的手

沿着阳光斑驳的草地

一直到地老天荒

去摘采

月亮上的银苹果

和太阳上的金苹果

——威廉·巴特勒·叶芝《流浪者安古斯之歌》

看似不起眼的苹果在全世界很受欢迎，但几千年来，它都与死亡、冥界和恶魔联系在一起。只要想想白雪公主或者亚当和夏娃，你就会意识到，毒苹果是历代故事中一个突出的角色。这种水果致命的说法也不完全是虚构的，因为苹果的果核中含有氰化物，尽管含量很低。

氰化物最显著的特点是有杏仁味（尽管只有 50% 的人能闻到），除了苹果核中有氰化物，它还天然存在于杏仁、樱桃、桃仁和桃核中。一般来说，苹果核中含有的氰化物不足以导致意外发生，但有一则关于英国苹果酒的有趣轶事表明，情况并非总是如此。苹果酒在英国各地都有生产，但有两个地区——诺福克郡（Norfolk）和英格兰西南部——尤以苹果酒而闻名。诺福克郡的苹果被打成浆来榨汁，但在英格兰西南部，苹果是用磨盘碾碎之后来榨汁的，这种方式可能会导致苹果酒中含有微量氰化物。由于酿酒工人的工资包括了每周 1 加仑的麦芽酒或苹果酒，据说有些西南部的工人就是因为喝了这些酒而失明和发疯的。因为这个故事最初的记录者是诺福克郡的一个苹果酒制造商，所以它也可能是对同行或对手的诽谤。

苹果与死亡和悲剧之间的联系贯穿于整个希腊神话。苹果树被认为起源于米洛斯（Melos，在希腊语中意为苹果）。彼时年轻美貌的米洛斯遇见了基尼拉斯国王（King Kinyras）的儿子阿多尼斯（Adonis），并很快爱上了他。当阿多尼斯在一次打猎中不幸身亡时，米洛斯悲痛欲绝，在一根贫瘠的树枝上自缢身亡。阿佛洛狄忒被这悲惨的结局所感动，为了纪念米洛斯，她把米洛斯变成了第一个苹果。

在爱尔兰，苹果也和死人联系在一起。萨温节是盖尔人（古凯尔特人后裔中的一个分支）纪念逝者的亡灵节，也被称为"苹果节"，因为苹果会被作为祭品摆放在坟墓和祭坛上。此外，棺材通常用苹果木做内衬，据说是为了让人在来世恢复青春。

在美国，曾经有一种广受欢迎并世代相传的苹果品种，它与一个幽灵传说有关，只是现在已经绝迹了。这种苹果被称为"弥卡·鲁德"或"淌血之心"，味道甜美，香味扑鼻，外表呈漂亮的红色，虽然果肉的大部分是白色的，但核心部位有一个红色斑点，像人血一样。[1]据推测，该品种起源于18世纪晚期美国康涅狄格州富兰克林县的一个农场，农场主叫弥卡·鲁德（Micah Rood）。

弥卡·鲁德被指控谋杀了一名旅行推销员，这名推销员被发现死在鲁德农场的一棵苹果树下，头骨破裂，钱包空空。但是，由于没有证据表明鲁德有罪，他被判无罪释放。然而，那一年的晚些时候，那棵树开始结出红色的果实，果核上有一个血淋淋的印记，似乎在向全世界诉说着鲁德的罪行。不久之后，农场日渐衰败，弥卡·鲁德死时一贫如洗。

1883年，首次记录的一种类似的带有血迹的品种至今仍在苏格兰茁壮成长，叫"血犁人"，是以一名工人的名字命名的。这名工人为了养活家里人，前往一处庄园偷苹果，最终被枪杀了。他的妻子听到消息后十分伤心，认为这些苹果都被诅咒了，于是发誓不再吃苹果，并把苹果扔到了院子里。第二年，一棵树在院子里发芽并结出了苹果，它的果肉就像外表的果皮一样

---

① Charles Skinner; *Myths and Legends of Flowers, Trees, Fruits and Plants.*

红，这就是"血犁人"的由来。

在所有的苹果中，最著名的或许是与伊甸园罪恶的起源有关的苹果。《创世纪》（*Genesis*）里关于亚当和夏娃的原始传说并没有给生长在智慧之树上的果实命名，许多学者认为它很可能是无花果或石榴。但在中世纪的翻译和绘画中，它变成了苹果，可能是因为这种水果更容易被大众所识别。从那以后，苹果的美名就被玷污了。

中世纪的教会认为，被施了魔法的苹果带有恶意，会导致恶魔附身，正是通过这种罪恶的果实，撒旦不断地在人间演练他当初诱惑亚当和夏娃的方法。[①]16世纪的方济会修士、神学家让·本尼迪克特（Jean Benedict）讲述了佩雷内特·皮奈（Perrenette Pinay）的故事：一名男子在吃了一个苹果和一块牛肉后被六个魔鬼附身。同样，法国医生让·弗朗索瓦·费尔内尔（Jean-Francoir Fernel）也讲述了一个无名男子在吃了苹果后着魔的故事。

大约在这两个故事发生的同一时间，欧洲流传着一个恶魔的故事，讲的是1585年在萨沃伊一座繁华的桥边有一颗苹果，这颗苹果看上去不显眼，却不断发出"巨大而混乱的噪声"，以至于人们都不敢靠近它。围观的人们聚集在一起，大家都不知道该怎么办，直到一个勇敢的人拿着一根长棍把苹果推进河里，故事就这样结束了。虽然结尾平淡无奇，但亨利·博盖在《论邪恶的巫师》中提及这个故事时，给出了另一个说法："毫

---

① Henri Boguet; *Discours Exécrable des Sorciers*.

无疑问，这个苹果里全是魔鬼，一个女巫想把它送给别人时，正好被阻止了。"

金苹果

古往今来，金苹果出现在各种各样的传说中。例如，厄里斯（Eris）的金苹果，也被称为"纷争之果"，引发了特洛伊战争。这一事件是由佩琉斯（Peleus）和忒提斯（Thetis）的婚礼引起的，宙斯为他们的婚礼举办了盛大的宴会。由于她混乱的天性，厄里斯没有被邀请参加，所以展开了报复。她拿了一个金苹果——上面刻着"献给最美丽的女神"——并把金苹果扔进了宴会。三位女神——赫拉（Hera）、雅典娜（Athena）及阿佛洛狄忒（Aphrodite）——都试图占有它，三方相持不下。宙斯宣布，让特洛伊的帕里斯（Paris）来决定金苹果属于谁，因为帕里斯是出了名的公平。每一位女神都试图用技能或力量来贿赂他，最后帕里斯选择了阿佛洛狄忒，因为她许诺把他倾慕已久的女人送给他。后来在阿佛洛狄忒的帮助下，帕里斯与斯巴达国王墨涅拉奥斯（King Menelaus）的王后海伦私奔，由此成了特洛伊战争的导火索。

据说厄里斯的金苹果是从赫拉的花园里偷来的，赫拉的花园由赫斯帕里得斯众仙女（她们也被称为"夜晚的女儿们"）和一条百头龙看守。就像伊甸园中的水果一样，有人认为厄里斯创造的其实根本不是苹果，而是摩洛哥坚果树的果实，它很像一颗小金苹果，有一种类似烘烤水果的香味。

在爱尔兰神话中，金苹果也扮演着重要的角色。据说这些苹果生长在埃曼·阿布拉赫（Emain Ablach，也被认为是马恩岛或阿兰岛），由爱尔兰海神马南安·麦克利尔（Manannán mac Lir）守护，他是爱尔兰神话中极乐世界的守护者。《布兰游记》（*The Voyage of Bran*）中那根著名的银树枝就是从这里剪下来的，银树枝上挂着三颗完美的金苹果。摇晃苹果时，苹果会发出一种声音，任何人听了都会昏昏欲睡。如果一个人想在指定时间之外进入另一个世界，就必须携带这样的信物以确保自己能安全返回。

阿福花（Asphodel）: *Asphodelus spp.*

飘散着的阿福花，穿过黑夜，
像幽灵年轻的双手，在祈祷。

——威廉·福克纳，在一本素描簿上的画作旁边的笔记

  阿福花以其白色或黄色的高穗状花朵最为著名，是地中海沿岸常见的植物。阿福花在科西嘉岛生长得特别好，在那里它们作为国花受到人们的喜爱，正是由于这些阿福花，科西嘉人创造了一个短语"他忘记了阿福花"，意思是一个人离开自己的祖国太久了，他肯定不再记得祖国了。

  1648 年，在短短的一年时间里，牛津大学植物园种植了许多日光兰（*Asphodeline lutea*），为了引起民众好奇，药剂师兼管理员约翰·帕金森（John Parkinson）想发掘这种植物是否有一些药用或食用价值。他在调查中没发现任何有用的信息，而在地中海进行采访时，他被当地人告知这种植物"没有任何价值，只有欺骗性"。遗憾的是，这种所谓的欺骗性并没有被记录下来。

  在希腊神话中，最受关注的是地下世界著名的水仙平原①。进入塔耳塔洛斯后，死者将受到审判，然后根据他们生前的行

---

① 古希腊诗人所称的阿福花通常是水仙。

为作出判决。普通人——那些生前既没有做过大坏事也没有做过大好事的人——死后被送往塔耳塔洛斯。在进入之前，他们会喝下"勒忒河水"（即忘川河），这将使他们遗忘曾在人间生活的所有身份和记忆。然后，他们会继续前往水仙平原：这是人间世界在幽灵界的复制品，是一块完全中立的土地，在那里他们将继续机械地完成日常工作。虽然水仙平原不是塔耳塔洛斯那样折磨人的地方（塔耳塔洛斯是那些奸诈灵魂的去处），但也不是和平之地。水仙平原推动着人们形成了一种共识——为了永生而作为机器的一部分，意在阻止人们过上平稳的生活，鼓动希腊平民走向军国主义，而不是温和顺从地过日子。而那些在生活中取得伟大成就的人将前往极乐世界，在极乐世界中，英雄的灵魂将永远生活在满足中。

古希腊人将阿福花和死亡联系起来，可能是因为这种植物灰色的叶子和淡黄色的花朵。阿福花被种植在坟墓上，献给珀耳塞福涅，她经常戴着花冠出现。据说，阿福花是死者最喜欢的食物，但活着的穷人也会吃阿福花，因为阿福花的球茎可以烘烤，磨成粉，然后用来做面包。

回到科西嘉岛，在那里，超自然的故事像阿福花一样蓬勃发展，它们在马泽里人的仪式中扮演着重要的角色，马泽里人也是科西嘉岛的"寻梦人"。

这些马泽里人原本是普通人，但被科西嘉岛命运的化身选为超自然的使者，这使得他们可以同时出现在现实世界和梦境世界。

在做梦的时候，他们会在夜间狩猎野猪和其他当地的猎物（因此也被称为"夜行者"或"梦游者"）。他们在梦中用于狩猎的武器被称为"马扎"，是一根由阿福花根茎做成的棍子。之所以是阿福花根茎，可能是因为这种植物与冥界有着传奇般的联系。他们一旦杀死了猎物，就会看着猎物的脸，从中认出这个猎物是某个认识的人，通常是村子里的人。第二天早上，那个人就会讲述在梦中的所见所闻，而他也知道自己注定会在一年内死去。但如果猎物只是受了伤，并没有被杀死，那个人就会遭受事故或疾病。

尽管科西嘉岛上的人重视这些占卜技巧，但马泽里人往往被排斥在他们的村庄之外，只能居住在更偏远的地方。这是因为，尽管马泽里人对他们的职业没有话语权，也完全无法预知在狩猎时会看见何人的命运，但岛上的人认为马泽里人并不是用肉体狩猎，而是用他们的灵魂狩猎。当马泽里人的灵魂遇到村里某个人的灵魂时，这个人在梦境中就变成了动物的形态，马泽里人的狩猎行动将这个人的灵魂与身体分离，虽然身体可以在没有灵魂的情况下生存一段时间，但最终还是会生病甚至死亡。

有这样的传说：村里的马泽里人每年会组织一支自卫队，与邻近村庄的族人进行战斗。这些在梦境中进行的幻影战斗被称为"曼德拉",战斗中阵亡的马泽里人会在一年内死亡,而有些人甚至第二天早上就死在了家里。

一种与阿福花相近的植物是沼金花(*Narthecium ossifragum*)。与喜欢沙子的表亲不同,沼金花在西欧和不列颠群岛的高处沼泽地中大量生长,并长出明亮的黄色穗状花朵,被用作藏红花的替代品。

沼金花的拉丁名意思是"碎骨者",因为人们认为牛羊吃了沼金花之后会骨质疏松。但更有可能的是,这些地区的绵羊骨质疏松是因为饮食中缺钙,沼金花的出现只是这种植物对环境的偏好而产生的巧合。不过,沼金花确实会在绵羊身上引起一种叫绵羊光敏症或精灵火的皮肤病。这是因为动物吃了植物的某些部分后会产生光敏反应,当它们暴露在阳光下时,就会出现皮疹和轻度烧伤的情况。

秋水仙（Autumn Crocus）: *Colchicum autumnale*

> 厚厚的新生紫罗兰铺上柔软的地毯，
> 朵朵莲花浮起，像在上升的床，
> 草皮上突然冒出风信子，
> 绚丽的番红花使群山熠熠生辉。
>
> ——荷马《伊利亚特》

秋水仙别名秋番红花，尽管两者名字惊人相似，但秋番红花并不是番红花家族的真正成员。事实上，秋水仙是一种带有剧毒的花，英国最后一个被公开绞死的女性的案件，正是因为有了它的卷入。那是在 1862 年，凯瑟琳·威尔逊（Catherine Wilson）被称为"有史以来最为罪大恶极的罪犯"，虽然她只被判处犯有一宗谋杀罪，但人们认为她至少对六人的死亡负有责任。凯瑟琳盯上了那些脆弱孤独的人——比如她的房东（她最终因谋杀房东而被捕）——并与他们成为朋友，目的是让他们将她写入遗嘱。一旦她得到了他们的遗产继承权，她就给他们注射致命剂量的秋水仙碱（colchicine），这是从秋水仙中提取的一种有毒物质，并谎称他们是自杀。

秋水仙碱的作用类似于砷，会引起呕吐和痉挛，然后是呼吸困难和心力衰竭。瑞士医生西奥弗拉斯特斯（Theophrastus，后被称为帕拉塞尔苏斯）指出，希腊奴隶有时会吃少量的秋水仙来让自己生病，从而短时间内不用工作。

秋水仙的名字源于希腊神话中的科尔基斯（Colchis），女巫美狄亚就住在那里。美狄亚是地狱女神赫卡忒的女儿，是一位因精通毒药而闻名的女巫。秋水仙是她最喜欢的植物之一，她用它来对抗敌人，也用它给喜欢的人换取青春和力量。她给伊阿宋的就是秋水仙，帮助他对抗金羊毛的守护兽喷火神牛。如果没有美狄亚的知识，尤其是对植物的认知，伊阿宋就不可能通过任何传说中的考验。

顾名思义，秋水仙在每年的下半年开花，在长出叶子之前，花就已经盛开了，因此民间称它为"神迹花"。尽管它很神秘又有毒，但在英国，人们相信如果在坟墓上看到它开花，这表明死者在地下世界生活得很幸福。

杜鹃花（Azalea）: *Rhododendrum luteum*

蜂箱的数量确实惊人，蜂蜜的某些特性也是如此令人震惊。那些吃了蜂巢的士兵，个个神志不清，呕吐、腹泻、站不稳……吃得少的话，就会产生一种类似于酗酒的症状，而那些吃了很多的士兵们就像疯了一样，有些甚至倒下了，命悬一线，似乎随时可能一命呜呼。他们就这样躺着，成百上千的人倒下了，好像遭遇了一场大败仗，正在被最残酷的绝望折磨着。但是第二天，居然没有人死亡；几乎在吃完饭的同一时间，他们就恢复了知觉，在第三天或第四天，他们又像经过治疗的康复者一样站起来了。

——色诺芬《远征记》：讲述了在黑海士兵们分享特拉布宗蜂蜜的故事

许多人都熟悉公园里的杜鹃花，甚至自己也可能种植了这种大型开花灌木。尽管杜鹃花很受欢迎，但在这种植物中发现的毒素会导致疾病甚至死亡。关于上述故事，普林尼在公元77年写道："事实上，除了让人类变得更谨慎一点、少贪婪一点之外，她（指自然母亲）还能做什么呢？"

上面故事中的蜂蜜中毒是由杜鹃花蜜中的桉木毒素（grayanotoxin）引起的。桉木毒素中毒被称为"狂蜜病"，尽管明智的做法是避开它，但在尼泊尔和土耳其地区，受污染的蜂

蜜被作为一种娱乐性药品来消费。[1]

尽管杜鹃花很危险，但在中国，人们经常会将它油炸或和豆子一起食用。出售杜鹃花的商人会对它们进行严格的浸泡，每天两次沥干水分，以清除毒素。杜鹃花在中国，尤其是在云南，被视为具有"傲慢而纯洁"的能量。在纳西族地区，如果一个女孩被称为杜鹃花，就意味着她外表美丽，内心恶毒。[2] 纳西族人对杜鹃花的叶子还有另一种用途：东巴祭司在家里焚烧杜鹃花的叶子来驱逐鬼魂，他们的庙宇也常用杜鹃花来装饰。

同一地区的怒族人中，有一位叫阿荣（A-Rong，音译）的女中豪杰，她为自己的家乡作出了许多杰出贡献。邻村村长得知阿荣的手艺后，想要强迫阿荣做他的新娘。听到这个计划后，阿荣跑进杜鹃林里躲起来；这个追求者发誓，如果他不能得到她，其他人也不能，于是他把杜鹃林——包括她在内——都烧成了灰烬。由于阿荣的勇敢和智慧，怒族把她供奉为神灵，并以阿荣的名义将每年的3月15日至3月17日定为仙女节（当地人称"鲜花节"），节日期间人们佩戴杜鹃花来纪念她。

中国西南部的彝族人也讲述了一个类似的故事。每年2月举办的插花节（也称"马缨花节"）是为了纪念彝族姑娘咪依

---

[1] Koca, I. and Koca, A.F.; *Poisoning by Mad Honey: A Brief Review.*

[2] Elizabeth Georgian and Eve Emshwiller; *Rhododendron Uses and Distribution of this Knowledge within Ethnic Groups in Northwest Yunnan Province.*

噜（Miyulu）。有一个极其狡猾凶残的士官对年轻貌美的咪依噜垂涎欲滴，自然也被她吸引住了。当士官召见她时，她的头发上戴着一朵白色的杜鹃花，她用这朵花在他们晚上喝的酒里下毒。她也喝下了毒酒，硬撑到士官死去，然后她也以身殉难了。她的爱人朝列若（Zhaolieruo）抬着她的遗体回家时悲痛欲绝，哭干了眼泪，眼中甚至滴出了鲜血，把她记忆中的杜鹃花瓣永远地染成了红色。

罗勒（Basil）: *Ocimum basilicum*

她就这样憔悴，孤寂地死去，

直到最后一刻，都在苦苦询问罗勒。

佛罗伦萨的每一颗心都在为她遗憾，

为她那阴郁的爱情而悲伤。

——约翰·济慈《伊莎贝拉》

罗勒是厨房里常见的一种草本植物，在许多人家的厨房窗台上都有种植。但在法国，人们认为它属于魔鬼，只有在种下的时候受到诅咒，它才会生长；这就产生了一个法国俗语 semer le basilic，意为"播种罗勒"，也解释为"愤怒的咆哮"。这种迷信最初来自希腊，然后传到罗马，人们认为这种植物在被人憎恨时生长得最好。

然而，在意大利和罗马尼亚，它却有着更为浪漫的含义，要么被作为求婚礼物送给心爱的人，要么被展示在窗台里以表明住在里面的人已经准备好迎接追求者了。《十日谈》是 12 世纪乔万尼·薄伽丘写的短篇小说集，第四日中的第五个故事讲述了一个与罗勒花盆有关的悲剧爱情故事，后来被诗人约翰·济慈改编。

这个故事讲的是丽莎贝特（Lisabetta）——后来济慈叫她伊莎贝拉（Isabella）——和她的三个富有的商人兄弟住在墨西拿。她的兄弟们希望她能嫁个好人家，她却爱上了为她家工作的穷人洛伦佐（Lorenzo）。当她的兄弟们发现后，他们谋杀了洛伦佐并埋葬了他的尸体，然后告诉丽莎贝特，他被派往国外出差了。

没有洛伦佐消息的时间越长，丽莎贝特就越绝望。每天晚上，她都向他呼喊，恳求他回来。有一天晚上，他的鬼魂出现了，告诉她发生了什么事，以及他被埋在哪里。第二天，她溜出去寻找他的尸体，但无法独自带走尸体。于是，她砍掉了他的头，为了保护头颅的安全和完整，她把头颅埋在了一个种有罗勒的花盆里。

每天，她都对着这株植物哭泣，用眼泪浇灌它。那株植物长得越发茂盛，她的身体却因为悲伤而越来越虚弱。直到她的兄弟们发现了她如此悲伤的原因，便拿走了花盆，同时也知道了花盆中那可怕的秘密。没有了洛伦佐和她心爱的罗勒花盆，丽莎贝特不久就郁郁而终了。

厨房里的普通罗勒还有一个近亲是圣罗勒（*Ocimum sanctum*），英文名为 Tulsi，还有另一个名称是 holy basil。圣罗勒在印度是一种神圣的植物，是献给印度教的主神毗湿奴

（Vishnu）的。有一个传说解释了这种联系：它是女神图尔西（Tulsi）的化身，当图尔西还是凡人女性时，她悲伤地倒在丈夫的火葬柴堆上，就在这时，她的灵魂被转移到了这种植物里。

另一个传说称，圣罗勒实际上是毗湿奴妻子拉克希米（Lakshmi）的化身。据说，如果植物受伤了，毗湿奴就会感到疼痛，并拒绝听取任何虐待圣罗勒人的祈祷。然而，在尸体上放一片圣罗勒叶就可以确保毗湿奴看到逝者的灵魂，并欢迎他们进入天堂。

欧白英^①（Bittersweet）：*Solanum dulcamara*

我不觉得奇怪，

因为这是一种从苦到甜的治疗方法。

——威廉·莎士比亚《针锋相对》

欧白英是茄属植物，是颠茄的直系亲属，这种植物很常见，而且容易被人忽视。这种多产的攀缘植物在树篱和荆棘中生长良好，很容易被误认成红醋栗；毫无疑问，任何吃过它的人都会后悔。

这种藤本植物可以在林地和沼泽地区肆意生长，甚至在它结浆果的同时也可以开出紫色和黄色的小花。这些小浆果一开始是绿色的，后来变成黄色，成熟后变成红色。欧白英（dulcamara）这个名字来自西班牙语 dulce amara，意思是"又甜又苦的"，指的是这些浆果的味道：它们一开始尝起来是苦的，然后又变甜了。这个名字是由英国植物学家约翰·杰拉德（John Gerard）提出的，他把这个词翻译错了，但这个名字还是被沿用了下来。

这种甜味及它被揉捏时散发出的令人作呕的甜味，都是白英苷（dulcamarine）导致的。再加上在欧白英中发现的另一种

---

① 欧白英：茄科茄属植物，也被翻译为"苦甜藤"。

化合物茄碱（solamine），过量食用这些浆果会导致中枢神经系统瘫痪、呼吸衰竭和抽搐死亡。非致命剂量会导致暂时性的失语，这种症状一度被认为是女巫诅咒的结果。

　　尽管欧白英有毒，但在不列颠群岛，人们仍然认为它具有抵御魔法和巫术的力量。牧羊人的传说讲述了欧白英的藤蔓如何保护羊和猪不受邪恶之眼的伤害，并将它们隐藏起来不让女巫发现。与此类似，约翰·奥布里（John Aubrey）建议把服用欧白英和冬青作为治疗马匹过度疲劳的药方，他说只要把它们拧在一起，像花环一样挂在马的脖子上，就能把马治好。在当时的人们看来，任何一匹晚上留在田野里的马都有遇到女巫的危险——女巫可能会在马睡觉时骑上它，穿过田野，导致马疲惫不堪和受伤，第二天这匹马就对它的主人毫无用处了。

　　在挪威，人们会将欧白英、斑点掌裂兰（heath spotted orchid）和树汁混合涂抹在人和动物身上，以保护他们免受恶魔的伤害。[1] 日耳曼民间传说还认为欧白英具有抵御恶魔的能力，并将它与精灵和仙女联系在一起，因此它又被命名为"阿

① Reimund Kvideland and Henning Sehmsdorf; *Scandinavian Folk Belief and Legend.*

尔普拉克"或"精灵草"。^① 许多有攀缘习性的植物，如耧斗菜（columbine）和金银花（honeysuckle），都有相同的别名。

黑刺李（Blackthorn）: *Prunus spinosa*

倔强的黑刺李树是流浪者，
是能工巧匠也烧不毁的木林；
它的身体虽稀疏，
但鸟儿住在它的身体里，
成群鸣唱。

——佚名《费格斯·麦克·莱蒂的暴力死亡》

对于任何熟悉用黑刺李来给杜松子酒调味的人来说，在他们的脑海中，黑刺李无疑已经与秋天及每年的那些黑暗时刻联系在一起。不单单黑刺李是这样，几个世纪以来，这种类型的长刺灌木就一直与冬天和黑暗联系在一起。

它是最早在春天开花的绿篱灌木之一，通常在3—4月中旬开出白色的花。然而，如果花开得太早，我们就会遭遇所谓的"布拉桑冷风"（一种气象）——过了3月底的温暖期，就会迎来4月的倒春寒。到了一年的晚些时候，树枝上结的浆果数

---

① Johann Friedrich Karl Grimm; *Remarks of a Traveller Through Germany, France, England and Holland: In Letters to his Friends*.

量能预示冬天的气候情况。如果黑刺李浆果的数量增加，则表明将会迎来一个寒冷而漫长的冬天。

　　许多黑刺李，许多冰冷的脚趾。

——迈克尔·德纳姆《德纳姆地带》

　　关于黑刺李的大部分传说来自不列颠群岛和北欧。它与良性的白刺木刚好相反，最为人熟知的白刺木是山楂树，它就生长在黑刺李附近。在这两种姊妹树中，山楂树被认为更有优势。

　　白刺木被认为是"森林女王"，是幸运的象征，而黑刺李的名声却被抹黑了。据说不祥的黑刺李是从异教徒的身体里长出来的，在各个方面都受到了诅咒；而受祝福的白刺木是从基督教徒的身体里长出来的。[①] 每年的 5 月 1 日，原是欧洲传统的五朔节，人们会在这天早晨竖起一棵"五朔节花柱"，在上面放上白刺木和黑刺李的冠。到 19 世纪时，五朔节的习俗变成了在当地女孩住所的门上挂上花环，每个花环都传达出村民们对这户人家女孩的看法。其中白刺木最受欢迎，黑刺李则是留给那些被认为是生性凶悍的人的。[②] 最严重的侮辱就是在女孩的门上挂一束荨麻。

　　这种不幸的名声可能源于黑刺李的刺的危险性。虽然山楂的树枝上也有刺，但黑刺李的刺特别长且坚硬，容易导致严重出血。虽然这种树本身没有毒，但树皮上覆盖着的细菌会引起

---

① William Thiselton-Dyer; *The Flora of Middlesex.*
② Katharine Tynan and Frances Maitland; *The Book of Flowers.*

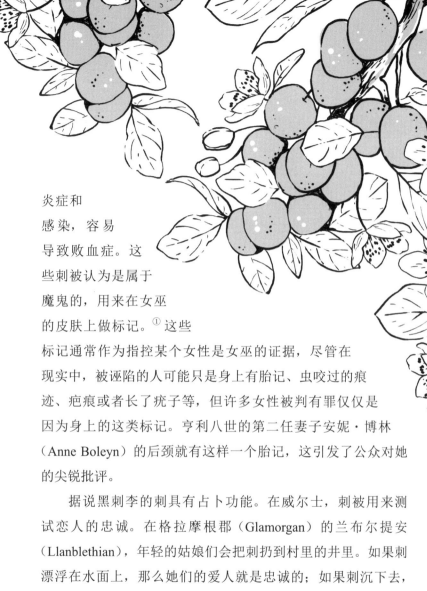

炎症和

感染，容易

导致败血症。这

些刺被认为是属于

魔鬼的，用来在女巫

的皮肤上做标记。[1] 这些

标记通常作为指控某个女性是女巫的证据，尽管在
现实中，被诬陷的人可能只是身上有胎记、虫咬过的痕
迹、疤痕或者长了疣子等，但许多女性被判有罪仅仅是
因为身上的这类标记。亨利八世的第二任妻子安妮·博林
（Anne Boleyn）的后颈就有这样一个胎记，这引发了公众对她
的尖锐批评。

　　据说黑刺李的刺具有占卜功能。在威尔士，刺被用来测
试恋人的忠诚。在格拉摩根郡（Glamorgan）的兰布尔提安
（Llanblethian），年轻的姑娘们会把刺扔到村里的井里。如果刺
漂浮在水面上，那么她们的爱人就是忠诚的；如果刺沉下去，
那么爱人的忠诚度就令人怀疑了。如果刺在打圈圈旋转，那么
爱人就是讨人喜欢的性格；如果刺稍微下沉，那么爱人就很可
能是固执的性格！

---

[1] Fred Hageneder; *The Meaning of Trees*.

英国女巫也会把这种刺粘在蜡像上或者放在马鞍下，当骑手坐上马背，就会被马甩出去，这种刺通常被称为"睡眠针"。另外，黑刺李木也是制作施咒的"爆破魔杖"的理想材料。在16世纪，人们认为黑刺李木与女巫的关系过于密切，以至于教堂纷纷谴责这种灌木是女巫的工具，黑刺李木也因此被用作焚烧女巫的柴堆。

　　这种树不仅仅象征着女巫，在许多欧洲童话故事中，它也是一种不祥之树，苏格兰和爱尔兰的凯尔特人尤其关注它。他们称其为"straif"［该单词被认为是英语单词"strife"（冲突）的起源］，并认为这种树是所有黑暗秘密的守护者。人们还认为，这种树与冬日女神凯列赫（Cailleach）有关。凯列赫是一位老妇人，她会在每年11月1日的萨温节现身，接替夏日女神布里吉德（Brighid）。在苏格兰，她被称为贝拉（Beira）——冬季女神。她戴着蓝色面纱，肩上停着一只乌鸦，手里拿着一根黑刺李木手杖，用它来制造暴风雨和恶劣的天气。黑刺李为深色，形状扭曲，在外观上与它的主人没什么不同，因此黑刺李木和它的守护神被称为"森林中的黑暗密友"。

　　尽管与凯列赫为伍，凯尔特人依然相信这种树上还居住着卢南蒂西德（Lunantisidhe）——不友好的月亮精灵，她们会用长胳膊和手指爬上黑刺李树的树枝，去诅咒那些靠近这种树的人。她们唯一一次离开这棵树是在满月的时候。这天，她们会去祭拜月亮女神阿瑞安赫德（Arianrhod）。想要收集黑刺李木或把木头做成木棍，这个时候最安全。

　　黑刺李棍（也称"巴塔"），用于传统的爱尔兰棍棒格斗。

虽然也可以用其他木材来制作，如冬青、橡树或白蜡树，但黑刺李木是首选，因为它是一种坚硬的木材，底部的根结可以很容易地塑造成棍棒顶部的圆形手柄。据说这种黑木杖可以在闹鬼或受诅咒的地方保护他人；但没过多久，持杖的人就被怀疑是在施用巫术，比如托马斯·韦尔（Thomas Weir）少校，1670年，他在爱丁堡被烧死，旁边的黑刺李手杖据说是他施展巫术的主要工具。

有趣的是，在黑刺李更加臭名昭著的同时，它的姊妹树山楂树却丝毫未受玷污。三甲胺（Trimethylamine）存在于腐烂的果肉中，也自然存在于山楂花中，在花期快结束时，会带给树一种令人难闻的腐烂气味。也许正是这个原因，威尔士人相信闻到这种气味会使人通往安汶——威尔士的冥界和死亡之地。

蓝铃花（Bluebell）: *Hyacinthoides non-scripta*

他把他放下来，

那里长满了紫色的石楠，

戴着蓝色铃铛的风铃草，

还有苔藓和百里香，他的坐垫丰盈了。

——沃尔特·斯科特爵士《洛克比》

在不列颠群岛，蓝铃花被视为春天的古老使者，并与童话世界紧密相连，这在很大程度上要归功于它们娇嫩的钟形花朵——其他形状类似的植物也有这种联系。据说，一片片的蓝铃花充满魔力，既令人害怕，也令人钦佩。当蓝铃花被敲响时，"钟声"会召唤精灵们来参加聚会，但任何听到钟声的凡人都注定会在聚会之前死去。

在芬兰，铃铛是为了老鼠而存在的，而不是为了精灵。一个名为"猫钟"的神话讲述了一群老鼠被某只猫盯上之后饱受困扰的故事。它们带着一个铃铛，打算把这个铃铛系在猫的脖子上，但没有哪只老鼠有勇气这么做。当它们争论谁来系铃铛时，一个精灵无意中听到了，并提出要购买铃铛；然后她把铃铛变成了一朵蓝色的花，每当猫走近时，这朵花就会响起来。

罗马人称蓝铃花为"维纳斯的镜子"，用以纪念维纳斯拥有的一面镜子，它能把它面对的任何东西反射成更美丽的自己。

维纳斯把它丢在田里后，一个牧羊人捡了起来，然后爱上了自己的美貌。丘比特看到这一幕，害怕镜子会带来不好的后果，就把镜子打碎，变成了闪闪发光的碎片，之后这些碎片就变成了蓝铃花。

尽管蓝铃花很漂亮，但它的球茎毒性非常大，球茎含有一种糖苷——海葱苷（scillaren），类似于毛地黄中发现的化学物质，毛地黄是另一种深受精灵们喜爱的钟形花。人暴露在海葱苷环境中时脉搏会降低，心跳会不规律，这也许就是为什么人们认为漫步在蓝铃花花丛中会陷入无尽的魔法睡眠。

1934 年以前，蓝铃花的学名是 *Endymion non-scripta*，以纪念希腊神话中月亮女神塞勒涅（Selene）的情人安狄米恩（Endymion）。她被他的美貌迷住了，不愿与任何人分享，便让他永远沉睡，这样她就可以独自欣赏他了。另一个与睡眠有关的故事来自爱尔兰，讲述的是一位名为格兰尼（Gráinne）的公主，她被指派嫁给一个传奇猎人费恩·麦克·卡迈尔（Fionn mac Cumhaill）。然而，她却爱上了次神迪尔米德（Diarmuid），在她的婚礼上，她把蓝铃花的汁液混入在场所有人的葡萄酒中，这样当他们昏睡时，她就可以和迪尔米德私奔了。

尽管历来草药师都推荐用蓝铃花来预防做噩梦，但没有证据表明蓝铃花有催眠作用，而且这种植物有毒，如果它真的可以催眠，那就是永久沉睡了。

不过，球茎的胶状汁液还有另一种用途。它可以当作胶水，用来将箭羽粘在箭上，也可以当作装订书籍的胶水，因为汁液具有杀虫剂的特性，可以防止昆虫啃食书页。

蚕豆（Broad Beans）: *Vicia faba*

很快他开始爬行，
然后像山一样挺立。
当他开始自食其力时，
他种了很多蚕豆，
风吹豆子，
丰盛的谷物成排成熟，
麦和麻浓密而丰盈，
瓜果随地皆是。

——中国民歌《我们民族的诞生》

作为一种风靡全球的农作物食品，蚕豆无任何毒性。但它们在本书中的地位是通过它们与死者的奇特联系而获得的，这种联系始于罗马帝国，并在习俗中延续至今。

如果想要了解为什么蚕豆对罗马人如此重要，就必须了解在这个传统开始的特定时期，他们对死者的看法。死者被视为是需要安抚和尊重的对象，因为如果死者对活着的人失去了好感，他们就会回来不安分地缠着活着的人，被称为"幽灵"或"妖怪"。这些怪异扭曲的鬼魂会折磨活着的亲人，给家人带来不幸、疯狂或疾病。这种恐惧如此普遍，以至于人们经常用"妖怪缠身"来形容这种致命的疯狂，即"被死人附身"。刚去世的人，如果他们死的时候很惨，比如那些死于暴力（服役期间除外）、自杀或没有坟墓及安息地的人，则更有可能变成妖怪回来。

5月初，古罗马人会举行驱亡魂节，在这段时间里，人们会举行仪式来驱除这些鬼魂。一家之主会在午夜起床，在屋子里走来走去，同时把蚕豆扔到自己的肩上，并说道："这些是我送来的，我愿用这些豆子来赎取我和我的家人。"由于举行驱亡魂节，整个5月都不是举行婚礼的好日子。还有一句谚语叫"坏女孩在5月结婚"！

那么蚕豆和幽灵出没之间有什么联系呢？罗马人相信死者的灵魂会沿着蚕豆的空心茎向上移动，并停留在那里，直到它们长成完全成熟的蚕豆。对于那些相信豆茎上的每一颗豆子都是一个不安灵魂的人来说，一片长满蚕豆的土地完全是一件可怕的事情。但人们并不害怕吃这些豆子，任何人吃了足够多的蚕豆，就会知道它们会导致慢性放屁，这被视为死者正在逃往他们该去的地方。蚕豆作为一种保护措施也被留在家中，希望幽灵能带走蚕豆中的灵魂，而不是那些活着的人的灵魂。

对著名的希腊哲学家毕达哥拉斯来说，豆子带给他的恐惧绝非笑料。关于他的死因有多种说法，有一个传说是这样描述的：当他被追捕时，被困在了一片蚕豆地里。因为对豆子的恐惧，他没有踩上这些植物逃走，而是犹豫了很长时间，久到凶手追上了他，然后把他打死了。

蚕豆与死者的联系并没有成为历史。在现代的罗马，人们仍然会在11月2日的意大利亡灵节烘烤和食用一种叫作"死者的豆子"的豆形饼干。

这一习俗最远流传到了不列颠群岛，尤其是在约克郡，人们认为死者就住在蚕豆的花里。人们观察到，许多事故发生在蚕豆开花期间，尤其是在开采煤矿的地方。[①] 虽然这些事故很有可能是由春季的大雨使矿山周围的地面软化造成的，不过这种联想一直存在于人们心中。

大花木曼陀罗（Brugmansia）: *Brugmansia suaveolens*

无情的时间！悄无声息地偷窃，
撕碎死者的战利品。
名声，在金字塔的顶端，
她的号角随着叹息落下；
荣耀之手的微弱字迹将消失，
如沙上的脚印；
但美德的神圣火焰不会因此熄灭，
好人的恶名也不会。

——威廉·莱尔·鲍尔斯《霍华德之墓》

大花木曼陀罗是一种原产于南美洲热带地区的大型乔木或灌木。它的外号"天使号角"与它的白色大花朵的喇叭形状有关，大花朵从树枝上垂下来，可以长到20英寸宽。"天使号角"

---

① Sidney Oldall Addy; *Household Tales with Other Traditional Remains*.

这个外号偶尔也用于曼陀罗属；在 1805 年重新分类之前，大花木曼陀罗曾属于曼陀罗属。虽然它们是很受欢迎的观赏植物，并且被广泛种植，但该物种在野生环境中已被列为灭绝物种。人们认为，以前所有传播大花木曼陀罗种子的动物也已经灭绝，现在完全依赖人类生存。

这种植物曾被称为 *Floripondio*，这是一个可以追溯到西班牙征服时期的古老称呼。1653 年，伯纳贝·科博（Bernabé Cobo）对它们的描述如下。

这种花是所有树木和灌木丛开出来的花中最大的，看起来很漂亮，是白色的；它有一个手掌那么长，从宽敞的花心中开出的五个花蕊极力舒展着……它们的香味如此强烈，必须从远处而不是近距离闻，而房间里哪怕只有一朵花，也会散发出强烈的香味，甚至会让人感到刺激，从而引起头痛。

科博提到的这种植物的强烈气味是大花木曼陀罗的特征。据说，单是它的花粉就可以激发充满活力的幻境，仅仅是与开花植物共处一室就可以产生效果。在南美洲，人们认为睡在它的花下会精神错乱。[1]

不仅仅花粉会引发幻觉，这种植物的所有部位都有剧毒。大花木曼陀罗的毒性会刺激中枢神经系统，然后会使人抑郁、产生幻觉、精神错乱、语无伦次和抽搐，最后失去意识。哥伦

---

[1] T. E. Lockwood; *The Ethnobotany of Brugmansia.*

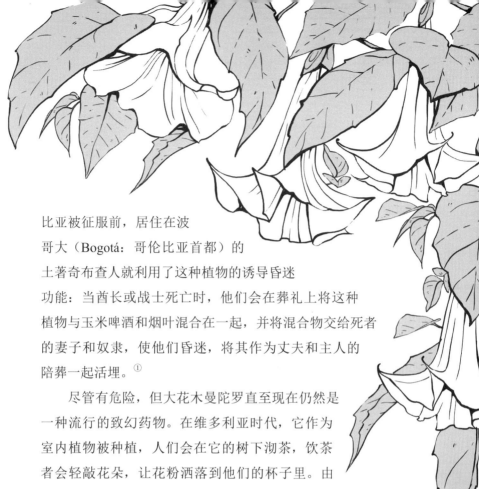

比亚被征服前，居住在波
哥大（Bogotá：哥伦比亚首都）的
土著奇布查人就利用了这种植物的诱导昏迷
功能：当酋长或战士死亡时，他们会在葬礼上将这种
植物与玉米啤酒和烟叶混合在一起，并将混合物交给死者
的妻子和奴隶，使他们昏迷，将其作为丈夫和主人的
陪葬一起活埋。[1]

　　尽管有危险，但大花木曼陀罗直至现在仍然是
一种流行的致幻药物。在维多利亚时代，它作为
室内植物被种植，人们会在它的树下沏茶，饮茶
者会轻敲花朵，让花粉洒落到他们的杯子里。由
此产生的快感被认为与服用 LSD 相似。

　　然而，如果剂量过大或直接摄入，那么致幻效果就是"可
怕而不是令人愉悦了"[2]，它会导致强烈的精神恍惚，其特征是
人们意识不到自己正在产生幻觉；它还可能导致一种精神病，
会让人把自己想象成人类以外的东西，比如外星人或恶魔之
类。2003 年，德国一名青少年在喝了一杯用大花木曼陀罗的叶
子沏的茶后产生了严重幻觉，以至于他割掉了自己的舌头和生

---

① Richard Evans Schultes; *The Plant Kingdom and Hallucinogens Part III.*
② Christina Pratt; *An Encyclopedia of Shamanism.*

殖器。这种茶是在马德拉群岛制作的，供娱乐使用，但由于其危险而被称为"魔鬼茶"。

尽管有些可怕，但几千年来，大花木曼陀罗一直被秘鲁的安第斯部落和厄瓜多尔的亚马孙部落用于宗教仪式和传统医学之中。自古以来，人类就将致幻植物作为人类和精神世界连通的媒介，而被安第斯人称为"米沙"的大花木曼陀罗在成人仪式、与祖先的灵魂对话和占卜中发挥着关键作用。

人们认为，大花木曼陀罗的精神形象是一头公牛。将大花木曼陀罗的叶子在额头上贴成十字架的形状，你将被赋予判断人心善恶的能力。一个小众品种——粉花木曼陀罗（*B.insignis*）——可以用同样的方法来增强与幻境的联结能力。这个品种以猎狗的形象出现，有助于在梦中寻找丢失的东西。据说其他品种的精神形象是美洲狮、熊或蛇等。[①] 大花木曼陀罗还可以幻化成动物之外的形象。不守规矩的孩子们会被要求接触这种植物，作为一种矫正措施，因为人们相信这种植物会召唤出祖先的灵魂，对孩子们的不良行为进行劝诫。

---

① Vincenzo De Feo; *The Ritual Use of Brugmansia Species in Traditional Andean Medicine in Northern Peru.*

异株泻根（Bryony, White）: *Bryonia dioica*[①]

> ……他们也用曼德拉草的根或泻根属植物的根，这些根被普通人当作真正的曼德拉草，并被做成丑陋的样子，用来代表他们打算对其施行巫术的人……
>
> ——威廉·科尔斯《简化的艺术》

作为葫芦科的一员，异株泻根是一种热情的攀缘植物，它出现得毫无征兆，然后迅速占领灌木篱墙。它有几个民间外号，如"死爬藤"和"催命符"，淋漓尽致地表达了它的致命性——它的浆果毒性特别强，10 个浆果就足以杀死一个孩子。

值得一提的是，有一种名字和它类似的植物——黑泻根。虽然这两种植物在植物学上没有亲缘关系，但在外观上非常相似。它们都在夏天开小花，在冬天结红色浆果，但黑泻根的叶子很大，呈心形，而异株泻根则用浅裂开的叶子和卷须来帮助它攀爬。对于这两者，我们都得敬而远之，因为它们的毒性都一样大。

在不列颠群岛，异株泻根被当作假曼德拉草出售。由于曼德拉草需要至少三年才能成熟，一些大块茎根植物，如泻根、

---

① 在北美，"白泻根"一词指 *Brvonia alba*，它与 *Bryonia dioica* 的区别是雌花和雄花同株及浆果黑色。

斑点疆南星（*Arum maculatum*）和露珠草（*Circaea cordata*）会作为"英国曼德拉草"出售，并被认为与真正的曼德拉草具有相同的功效。由于曼德拉草的根系形似人形，人们会把它挖出来，将根雕刻成一个粗略的人形，然后再埋起来，直到新的伤口愈合。

1646年，托马斯·布朗爵士（Sir Thomas Browne）描述了另一种技术，用于不同目的。人们会用曼德拉草的根"雕刻出男人和女人的形象，首先将大麦或小米粘在他们想要长出毛发的部位；然后把它们埋在沙子里，直到谷粒长出根来（最长也就是20天）；随后，他们把这些细嫩的根茎修剪成胡须或其他的毛发造型……"这些毛茸茸的异株泻根人偶并不是被当成曼德拉草来骗人们买它，而是用来参加"维纳斯之夜"的比赛，造型最精美的异株泻根人偶就能获得奖励。

由于泻根可以长到30厘米长、10厘米宽，所以它是最受欢迎的雕刻原料。植物学家尼古拉斯·卡尔佩珀（Nicholas Culpeper）在1663年写道，他曾看到过"一个重达半英担（56磅）的泻根，大小相当于一个一岁的孩子"。

毛茛（Buttercup）: *Ranunculus spp.*

毛茛曾经在利比亚平原上，

以优美的曲调迷住了妖艳的仙女，

如今在青翠的田野里夸耀他的华服，

他那病态的神情，泄露出一团秘密的火焰；

他的歌声专为心灵火焰之燃放而设计，

迷惑了她。

——勒内·拉平《花之王》

　　毛茛花，这个名称可能会让人联想到精致的螺旋形花瓣和完美的球形花朵，但野生毛茛和人为栽培的毛茛在外观上有着巨大的不同。在我们的草地和花园中，最常见的是匍枝毛茛和草地毛茛。生长着的毛茛，是欢快的小杂草，它们贪婪地蔓延，黄色的花朵照亮了田野和路边。毛茛这个名字源于它们生长在河流和溪流附近的习性，毛茛的学名 *ranunculus* 中的"rana"和"unculus"的意思是"小青蛙"，因为它们在春天的时候像青蛙一样多。由于毛茛叶子的形状，它们在某些地区也被称为"乌鸦足"或"乌鸦花"。

　　虽然这些杂毛茛可能是春天的快乐使者，但它们含有化学物质毛茛甙（ranunculin），人们接触后会诱发皮炎，吃了会导致严重的口腔溃疡。这种作用在 15 世纪被乞丐利用，植物学家约翰·杰拉德（John Gerard）的记录中将它描述为"凶猛的咬人草"："狡猾的乞丐确实会嚼烂这些毛茛草，然后把它放在腿和胳膊上，这导致我们每天都会看到（在这些邪恶的流浪汉中）如此肮脏的溃疡，好博取人们更深切的同情。"

波斯传说讲述了这种花的由来。在还没有毛茛的时候，曾经有一位年轻的王子，他喜欢穿绿色和金色的衣服。后来，他爱上了一位住在宫殿附近的美丽仙女，昼夜不停地唱歌向她表白，希望她能回应他的爱意。从那以后，这个故事有两种可能的结局——一种是仙女拒绝了他的爱意，当他心碎而死时，他的身体变成了一株毛茛；另一种是仙女厌倦了他的歌声，她把他变成了花，让他安静下来！

食虫植物（Carnivorous Plants）

　　然后，我想，空气变得更浓郁了，撒拉弗挥舞着一个看不见的香炉，炉中的香气扑鼻而来，他的脚步声在簇绒地板上叮当作响。

　　"可怜虫，"我喊道，

　　"你的上帝借着这些天使，给你送来了忘忧药，让你有了喘息的机会，忘掉你对丽诺尔的记忆吧；畅饮吧，啊，畅饮这种忘忧药吧，忘掉失去的丽诺尔吧！"

　　乌鸦说，"别再喝了。"

——埃德加·爱伦·坡《乌鸦》

　　我们所知道的大多数植物，都是从周围的土壤和水中汲取养分的。与这种无害的存在相比，食虫植物的部分或大部分营养源于捕获和食用动物，如昆虫等。食虫植物一直是一种让我们着迷的异常存在。这一特点主要是由环境缺乏营养造成的，

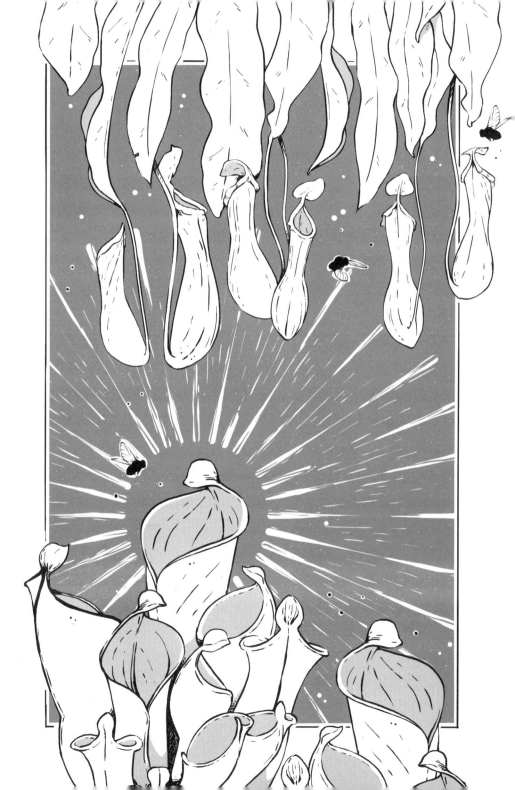

如沼泽和多岩石的高山土地，那里的土壤很贫瘠，不适合作物健康生长。

1875年，查尔斯·达尔文在《食虫植物》一书中提出，食虫植物有六种基本类型：陷阱植物，也称猪笼草；粘捕器，如茅膏菜；捕捉陷阱植物，其中广为人知的是捕蝇草；吸虫塔；龙虾笼和捕鸽器。这些食虫植物进化出了各种各样的"狩猎"机制来诱骗、诱捕和消化生物，以确保自己生存下去。

猪笼草: *Nepenthes spp. and sarraceniaceae spp.*

猪笼草的"猪笼"部分是一种经过特殊修饰的叶子，它卷曲成一个防水的杯状"陷阱"，以容纳消化液。通常情况下，猪笼草的边缘布满了花蜜用来吸引猎物，但杯壁很滑，猎物一旦碰到就会滑到杯底，无法再爬出来。然后，猪笼草内的液体会淹死并逐渐消化猎物。体积最大的食虫植物，如莱佛士猪笼草（*Nepenthes rafflesiana*），甚至可以捕捉并消化蝙蝠、蜥蜴和老鼠。

忘忧草是以一种虚构的希腊药材来命名的，本意是治愈悲伤。在《奥德赛》中，帕里斯把忘忧草送给了特洛伊的海伦，来帮助她忘记故土。尽管被命名为猪笼草属，但普林尼、狄奥斯科里迪斯等古代作家认为它是琉璃苣属草本植物，而更多的当代学者怀疑它是鸦片。

其中最引人注目的一个品种是龙猪笼草（*Nepenthes naga*），

这是苏门答腊岛巴里桑山脉特有的一种猪笼草。在当地的民间传说中，龙曾经生活在这个地区，娜迦的传说也一直流传至今，*naga* 一词源于印尼语，是"龙"的意思，而龙猪笼草的笼盖下方长出的分叉的附属物形状很像蛇（或龙）的舌头。

另一个品种是太阳瓶子草属（*Heliamphora*），是一种长在高山湿地里的猪笼草。这个单词中的"heli"曾经被错误地认为是来自希腊语的"helios"，意思是"太阳"，导致产生了"太阳投手"这个名称，虽然不正确，但一直沿用至今。正确的起源应该是"helos"，意思是"沼泽"。

南美洲特有一个品种叫帕塔索拉（patasola），以神话中的吸血鬼帕塔索拉命名。这个美丽的女人深夜出现在丛林和山脉中，引诱孤独的牧民、伐木者或矿工进入灌木丛。当他们完全迷失其中时，她会变成自己的真实样子——一种单腿、三叉脚、长着巨大牙齿和硕大眼睛的生物——然后吃掉他们。当她吃饱之后，就爬上树，唱歌给自己听。

我不只是一个海妖，
我独自生活在这个世界上，
没有人能抗拒我，
因为我就是帕塔索拉，
在路上，在家里，
在山上，在河边，

在空中，在云端，

所有的一切都是我的。[①]

茅膏菜: *Drosera spp.*

茅膏菜属包括近 200 种植物，可以在从阿拉斯加到新西兰
的气候范围中找到。然而，这些物种的大多数生长在南半球较
热的地区，包括澳大利亚、南美洲和非洲南部。学名 *Drosera*
来自希腊语 *drosos*，意思是"露水"，指的是这种植物边缘部分
的黏性水滴。

这种植物的表面有毛缘或触须。每个触须的末端都有一
滴含糖的黏性液体，能吸引猎物前来并阻止猎物逃跑。这些
触须向内卷曲，能让猎物尽可能多地接触它们，加快进食速
度。猎物要么因为挣扎而筋疲力尽，要么被分泌物中的酶消
化掉。

虽然茅膏菜对四处游荡的昆虫来说很危险，但它已被证
明在很多方面对人类有用。自 12 世纪以来，在意大利和德国
它们作为草药使用，被命名为"太阳草"，用于泡茶或治疗咳
嗽和哮喘。一些澳大利亚土著居民也认为这种球茎是可食用的
美味，还可以用来给纺织品染色；在苏格兰高地，圆叶茅膏
菜（*D.rotundifolia*）可用来制作紫色或黄色染料。[②]

---

① Javier Ocampo Lopez; *Mitos, Leyendas y Relatos Colombianos.*
② Edward Dwelley; *Dwelley's Illustrated Scottish-Gaelic Dictionary.*

圆叶茅膏菜，又名"意大利茅膏菜"，也用于生产一种名为"玫瑰露酒"（Rosolio）的利口酒（Rosolio 源自拉丁语 *rossolis*，意为"太阳的露水"），其生产配方与 14 世纪的原始版本相比，几乎没有变化。这种亮黄色的烈酒源于意大利，最初被当作药物和壮阳酒。这两种功能在许多早期的甜酒中很常见，这些甜酒被当作酒精类药物来恢复心脏功能和灵魂，后来作为一种消遣饮料广受欢迎。

早期版本的玫瑰露酒是用茅膏菜的花瓣、糖、香草、水和无水酒精制成的。人们还认为，玫瑰露酒还需要添加高莎草和天堂椒，它们都是生姜家族的成员，可以增加身体热量。玫瑰露酒的另一个版本来自 17 世纪，休·普拉特爵士（Sir Hugh Platt）的《女士们的快乐》（*Delightes for Ladies*）是这样写的。

取一加仑的茅膏菜，别除叶片中所有的黑色部分，椰枣半磅，肉桂、姜、丁香各一盎司，谷物半盎司，细糖一磅半，四把红玫瑰的干燥绿叶，将所有材料浸泡在一加仑的优质甜酒中，用蜡封住这个玻璃瓶，在 20 天内，每两天摇匀一次。其中的糖必须磨成粉末，香料要充分碾碎，椰枣必须切成长片，去掉枣核。如果你在瓶子里加入两三粒龙涎香，再加入同样分量的麝香和其他配料，它会散发出一种怡人的气味。有些人还往里面加入了磨成细粉的琥珀胶、珊瑚和珍珠粉，以及上好的金叶粉。

植物学家苏珊·韦霍克·威廉姆斯（Susan Verhoek-Williams）指出，中世纪的法国巫师使用茅膏菜的叶子来确保他们在工作中不会感到疲倦。据说，这些植物在夜间会发光，很受啄木鸟的欢迎，因为它们会使啄木鸟的喙变硬。这些属性在扇羽阴地蕨（*Botrychium lunaria*）上也能找到，这在早期手稿中是常见的；许多植物都被误译或误认，而又因拙劣的插图，人们对植物的身份进行了胡乱猜测，这些植物后来被重新归类为不同的科属。因此，有些属于这一个科属的传说和迷信也可能适用于另一个科属。

捕虫堇: *Pinguicula spp.*

捕虫堇是一种食虫植物，生长在欧洲、北美和亚洲北部。与茅膏菜相似，它扁平的叶子上覆盖着一层黏性酶，可以吸引和诱捕猎物，并向内卷曲以防止猎物逃跑。它们在潮湿、营养不良的地方生长得最好，比如沼泽和潮湿的荒野，也被称为"沼泽紫罗兰"。*Pinguicula* 这个名字是林奈（Linnaeus）给它们起的，翻译过来就是"油腻腻的小玩意"。

苏格兰人特别喜欢这种植物，他们会在等待埋葬尸体的房门上挂上它，以防止死者复活。人们还认为，如果一个女人摘下九根捕虫堇，把它们做成一个戒指，然后把戒指放在嘴里，亲吻一个男人，就能确保他会永远服从她。

"Butterwort"这个名字来自另一种苏格兰和英国赫布里底

群岛土著人的信仰，即这种植物可以保护牛奶不被女巫打翻。给奶牛的乳房盖上捕虫堇的叶子，可以保护奶牛免受邪恶的伤害，奶牛食用这种植物也可以获得这种保护。人们认为，捕虫堇在爱尔兰可能具有"莫桑"或"莫恩"的特性。莫桑是传说中的一种草药，据说是保护牛抵御巫术侵害的护身符。在赫布里底群岛，曾经有一个人奇迹般地死里逃生，据说他就是"喝了一头吃了莫桑的奶牛的牛奶"。[①]

---

① Alasdair Alpin MacGregor; *The Peat-Fire Flame: Folk-Tales and Traditions of the Highlands and Islands*.

桂樱（Cherry Laurel）: *Prunus laurocerasus*

你可以看到月桂树的数围，

盛开的花朵，赐予俄瑞阿得

发丝以芬芳，

麝香与黑暗，光明与空气，

在那里，

寂静充满惊奇。

—— 麦迪逊·朱利叶斯·卡韦恩《心灵之乡》

作为维多利亚时代和现代园丁的最爱，桂樱是最常见的植物之一，经常被简单地称为"月桂"，在美国通常被称为"英国月桂"。这种快速生长的绿篱植物有着光滑的深绿色叶子，适合在温带地区种植。

虽然这种植物很受欢迎，但它的叶子和果核都是氰化物的可靠来源，氰化物会使神经系统缺氧，也可能导致死亡。虽然目前还没有任何报道表明有人因接触这种植物而死亡，但粗心的园丁曾说，在用车辆运输月桂树枝时感到头晕目眩。对任何操控机器的人来说这都不是理想的选择，但爱德华七世时的一位昆虫收藏家充分利用了这一效果：杀死一个标本而不损坏其脆弱的身体对大多数人来说都是一个挑战，因此当时一种流行

的技术就是
将昆虫捕获之后，
放进垫着碎月桂叶的
密封罐中，让氰化物烟雾来
完成这项工作。

叶片的蒸馏也可能是氢氰
酸的来源。泡过桂樱的水极受罗马
皇帝尼禄（Nero）的青睐，因此它常
常被用来在敌城的水井里下毒。在1780
年狄奥多西·鲍顿爵士（Sir Theodosius
Boughton）被他的妹夫谋杀的事件中桂樱起到
了重要作用，这是当时记录最完整的氰化物中毒事件之一。如
果鲍顿在21岁生日前去世，被告约翰·唐纳兰上尉（Captain
John Donellan）将继承一大笔财产，因此他密谋用桂樱水毒害
鲍顿。最初的判决确实是鲍顿因病死亡，后来的重新调查被
唐纳兰多次阻挠，但最终鲍顿的母亲还是揭发了事件的真相，
她确定与氰化物有关的苦杏仁味就是鲍顿在死亡当天喝的饮
料的味道。

麦仙翁（Corn Cockle）: *Agrostemma githago*

是什么毁坏了谷粒，糟蹋了面包，

它的颜色，味道和不健康，

为人所知胜于为人所愿。

——约翰·杰拉德《植物通志》

麦仙翁是一种迷人又娇嫩的野花，现在越来越罕见，过去曾在北半球猖獗生长。麦仙翁像罂粟花、矢车菊，与其他生长在耕地上的野花一样常见，在石器时代的村庄，甚至庞贝古城周围的地区也发现了麦仙翁的踪迹，这可以追溯到庞贝古城被摧毁之前。

麦仙翁减少的原因，至少在农村来说，主要是农民们下定决心要铲除这种植物在农田蔓延的机会。整株麦仙翁，尤其是种子和里面的油质，都含有糖苷、麦仙翁苷和麦毒草酸，这会使面粉腐臭，做出来的面包又灰又苦。只需要一撮麦仙翁种子就足以杀死一匹马或一个人，因为它会使呼吸系统瘫痪，直到受害者窒息而死。现在，大多数人都使用杀虫剂来迅速处理这种植物，然而在法国，大斋节期间的第一个星期日是布兰登节（Fête des Brandons），其中一个活动就是从丰收的玉米中拔出麦仙翁；在英国，玉米展览期间，麦仙翁也会得到类似的处理。[①]

在立陶宛，有一种名为 *kūkalis*（字面意思是"麦仙翁"）的蛇形生物，它会使玉米枯萎，令人讨厌。*kūkalis* 与 kaukas 有着密切的联系，考纳斯（kaukas）也是一种扮演同样角色的收割妖精。[②]

斑点疆南星（Cuckoo Pint）: *Arum maculatum*

妈妈，找到三个红色浆果，

把它们从茎上摘下，

一听到鸡鸣就把它们烧掉，

好让我的灵魂无法行走。

——伊丽莎白·西德尔《终于来了》

在所有春天盛开的花朵中，斑点疆南星可能是最不寻常的一种。这种植物不像我们通常认为的那样开着艳丽多彩的花，由于它具有双重性别，在一些地区被通俗地称为"王公和

---

① Robert Chambers; *Popular Rhymes of Scotland.*
② Daiva Šeškauskaitė; *The Plant in the Mythology.*

贵妇"。从它的中心长出的一个大花穗——"雄性"部分，被称为"肉穗花序"，由被称为"佛焰苞"的淡绿色"雌性"叶子保护。斑点疆南星英文名字中的"pint"是"pintel"的缩写，在古英语中是阴茎的意思。它生长在树木繁茂的地区或河岸边，是土地健康和营养丰富的良好指标。出于这个原因，德国人认为，在斑点疆南星繁盛的地方，树木的状态是丰饶和饱满的。

这种植物依靠苍蝇来授粉，为了吸引它们，生长在肉穗花序周围的簇状小花散发出腐肉的气味。这种植物本身也会加热周围的空气，使其更有吸引力，它能使周围的温度升高15℃。早在1777年人们在对这种植物的研究中就已经注意到它的这一特性。

到了秋天，肉穗花序会长出一簇簇鲜红色的浆果。这些浆果和植物的根茎中含有一种辛辣的毒素，使植物产生苦味，并会导致皮肤长期灼烧和起泡。然而，数百年来，这种腐蚀性并没有阻止它以时尚的名义被使用。因为其根茎是淀粉的可靠来源，在伊丽莎白和詹姆斯一世时期，它被誉为最适合加固蕾丝褶边和其他亚麻制品的材料之一。虽然贵族们喜欢它，但不得不处理它的洗衣女工们可能很讨厌它，因为它的酸性会使她们的手指起泡，甚至灼伤她们的手。

在过去的几个世纪里，这种植物被更广泛地用于对美的追求。中世纪的手稿《特图拉》（*Trotula*）赞扬了欧洲女性的各种美容疗法，称赞斑点疆南星是理想的去角质剂，最终能让皮肤变得更白。幸好，手稿建议先浸泡斑点疆南星根部五个晚上，每天早上倒掉水，以避免造成损伤。这种处理方法绝不可能完全消除这种植物的毒性，但肯定能使许多妇女免于烧伤。

纵观历史，对美的追求让女性和男性接触了无数种植物，探索了无数个解决方案，这些植物和解决方案带来的不适肯定和他们对美的追求一样多。还有一些说法：有些女性将颠茄制剂滴入眼睛来扩大瞳孔；使用酸模汁也是一种常用的软化手部皮肤和去除雀斑的治疗方法，尽管从长远来看，植物中的草酸会造成更大的损害。1896 年，在《家庭与社会青年教育》（*Youth's Education of Home and Society*）中，一种肥皂被推荐用来保持皮肤健康，其中包括四分之一盎司苦杏仁油，换句话说，就是其中含有氰化物。

天南星科的另一个成员龙芋（*Dracunculus vulgaris*）在视觉

上与斑点疆南星类似，但它有一个深紫色的佛焰苞和一个延伸的肉穗，看起来像一个龙头。罗马人和早期的盎格鲁 - 撒克逊人（Anglo Saxons）都相信，这种植物的根茎与温酒一起饮用可以治愈毒蛇咬伤，甚至在 16 世纪，它仍然被用作抵御蛇的一种手段，正如这种说法："蛇不会来到周围有龙的人身边。"①

---

① John Gerard; *Great Herball.*

黄水仙（Daffodil）: *Narcissus pseudonarcissus*

当我看到一朵水仙花，

头朝我垂下，

我想我可能，我必须：

首先，我要低下头；

其次，我要死了；

最后，我入土为安。

——罗伯特·赫里克《水仙花占卜》

这些欢快的春天预兆者通常是最早开花的花朵之一，即使地面上还有雪，它们也会在这个季节的大部分时间里开花。

"水仙花"这个名字的来源不明，它首次被记录是在1592年，认为水仙花源于最初的希腊语中的 *asphodelus*（阿福花属），是百合科的表亲。它还有一个别名叫 *d'asphodel*，人们认为，前缀字母 d 可能是这种植物通过欧洲传到英国时被加上去的，因为这种花在当时可能以 *d'asphodel* 的名字被销售，后来被误记为"水仙花"。

一个同样有争议的起源是学名 *Narcissus*，人们普遍认为它来自希腊神话中一个同名男子的故事。纳咯索斯是一位美丽的年轻演员，他深深爱上了自己在水池中的倒影，眷恋不已，终日沉迷渐渐消瘦，最终死去了，变成了我们现在所知的水仙花。然而，还有人认为这个名字来自希腊语中的 narcao（纳尔卡奥），意思是"变得麻木"，与英语"麻醉剂"的词根相同。与麻醉药有关的毫无疑问是这种植物的麻醉作用：在封闭的空间里，仅仅是水仙花的气味就会引起头痛和呕吐。

危险的不仅仅是水仙花的气味，还有水仙花的球茎。它的球茎中含有一种石蒜碱（lycorine）的化学物质，如果这种物质进到人的体内，会导致中枢神经系统瘫痪，并且最终会导致崩溃和死亡。这种危险预兆与现实的联系并没有被忽视，在 19 世纪末的英国，人们认为如果一年中第一批水仙花的头垂向你，这就是不祥的预兆。

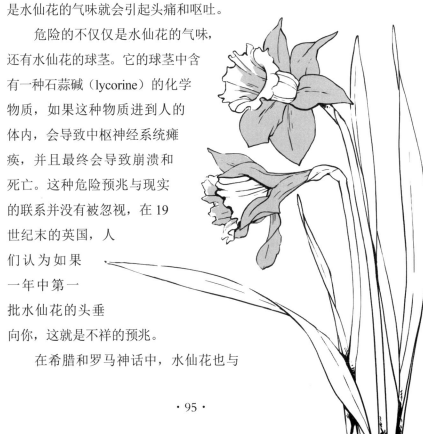

在希腊和罗马神话中，水仙花也与

死亡有关。据说水仙花是珀耳塞福涅的最爱，正是有了这些水仙花，冥王哈迪斯才把她引诱到了冥界。最终，她继续在阿刻戎（希腊神话中的冥河）河岸上种植水仙花。坟墓也在哈迪斯的领地内，所以希腊的坟堆上经常种植水仙花。不仅仅是希腊人，水仙花也是早期埃及人葬礼花圈中常见的装饰。

毒麦（Darnel）: *Lolium temulentum*

曾经丰收的肥沃土壤，

现在嘲笑农民的照料，不再盛产。

肥沃的谷粒填满了沟壑纵横的空地，

种子在腐烂，叶片在枯萎；

或者太阳太热烈，或者雨水太厉害，

或是黑色枯萎病摧毁了荒芜的平原；

或是贪婪的鸟儿吃掉新撒下的麦种；

或者毒麦、蓟和不洁的作物绵延生长在草地上，

并把它们茂盛的根撒遍大地。

——奥维德《变形记》

毒麦是一种黑麦草，在世界各地都很常见，对各地的农民来说都是一大害草。它在种植小麦的耕地上大量生长，在一些地区，它与小麦的外观非常相似，因此被称为"假小麦"。尽管这种植物本身没有毒，但它对麦角菌的抵抗力非常弱。如果

不小心将麦角菌与毒麦研磨成面粉，就会导致眼花、感知混乱、四肢颤抖、眩晕、失去力气，随后是失明和严重疾病。它还会引起四肢燃烧的感觉，被称为"圣安东尼之火"（一种丹毒型皮肤炎）。拉丁语 *tementulum* 就是这个意思，意为"醉酒"。这种植物的法语名字 iyraie 和德语名字 schwindel 也有同样的意思。

尽管有危险，但在法国和德国的贫困地区，毒麦中毒作为一种廉价的醉酒方式和饮酒方式曾一度被利用，如在啤酒中掺水，也会将毒麦掺入从而作为一种廉价的麻醉剂。毒麦并不是唯一一种以这种方式被使用的植物，在 1516 年法律禁止这种做法之前，天仙子和印防己都是被添加到啤酒中的有毒植物。

挪威的一个传说讲述了被当地人称为"斯维姆林"（眩晕杂草）的毒麦是如何在饥荒时期维持家庭生计的。在那样的困苦时期，腓特烈斯塔的人们开始从树上剥下树皮，将其磨成粉，这样更容易下咽。这个故事讲的是一位妇女，她的孩子们不停地哭着要吃的，她会给他们做毒麦汤，让孩子们陷入昏迷和睡眠。[①] 这个故事可以追溯到 19 世纪初，当时大量农作物歉收，拿破仑阻止英国货物进入欧洲。

虽然现在的现代机械使农民能够很容易地将毒麦和小麦分开，但历史上人们对麦角菌中毒的恐惧是非常真实的。直到 1938 年，致幻剂才被当作药物处理，它最初是从麦角菌中被提取出来的，麦角菌中毒的症状不但可怕，而且不可避免。

15—16 世纪，欧洲历史上出现幻觉、抽搐、瘫痪和痴呆等症状的人比比皆是。即使是偶然吃了毒麦的奶牛也会停止产奶。这种疾病最常见于德国西南部和法国东南部潮湿的河流地区，在那里黑麦是主要作物，且环境条件也适合麦角菌的生长。但是，由于人们对麦角菌中毒没有更深入的了解，许多人被认为是被鬼魂附身或是受到了巫术的影响。人们认为，1692 年在马萨诸塞州塞勒姆进行的臭名昭著的巫术审判导致了整个城镇麦角菌中毒感染。尽管这种说法在一些圈子里仍然存在争议，但在事件发生前的潮湿季节是麦角菌生长的理想季节，而来年的夏天——据记录要干燥得多——麦角菌中毒的事件便再没有发生了，所谓的受巫术影响的传言自然也就不攻自破了。

---

① Reimund Kvideland and Henning Sehmsdorf; *Scandinavian Folk Belief and Legend.*

颠茄（Deadly Nightshade）: *Atropa belladonna*

那是一朵漂亮的三色堇，

有白色的小嘴唇，

戴着漂亮的紫色帽子；

你的眼睛被叶子的光泽所吸引

是鹦鹉绿，

沿着昏暗的哥特式树林行走。

它枝叶繁茂地生长在潮湿的沙地上，

让你渴望它的气息；

但是啊！

那就是把一条蛇带到你的怀里，

因为它那致命的香气就是死亡。

——约翰·博伊尔·奥莱利《毒花》

在世界上所有的有毒植物中，名声最坏的肯定是颠茄，也称"贝拉多娜"（belladonna），它是茄属植物的一员，与曼德拉草、番茄、辣椒和马铃薯密切相关。它也是有记载的最古老的植物毒药之一，甚至可以追溯到公元前 1550 年的亚伯斯古医籍。

这种植物生长在潮湿阴凉的地方，如林地或河边。位于英格兰开夏郡的弗内斯谷因为它的存在而闻名，它在当地被称为"剧毒颠茄谷"，而颠茄的树枝是弗内斯修道院遗址印章上常见的图案。颠茄也在罗马尼亚自由生长，在那里它备受尊敬和爱戴，因此被赋予了丰富的头衔：辛斯蒂塔（诚实的人）、茜莉亚·卢普吕伊（狼的樱桃）、多姆娜·科德鲁路易（森林之母）和蒂萨·布吕伊尼勒（杂草皇后）。①

颠茄果在没有成熟的时候是绿色的，非常有光泽，成熟之后则会变为黑色。草药学家约翰·杰拉德称其为"一种颜色明亮的黑色浆果，其美丽足以吸引任何人食用"。尽管这些浆果很美，但不建议食用；虽然吃一个可能不会死亡，但一棵植物上的一个浆果的毒性可能是它旁边浆果的 50 倍，也许第一次没事，但第二次就会中毒身亡。与大多数有毒水果不同，它们的甜味馥郁诱人，因此被视为是邪恶的，因为任何有礼貌的危险植物都应该长出苦涩的浆果，以阻止人们来吃。相反，颠茄总是试图诱惑人类，然后谋杀人类：任何被骗吃了这种甜美果实的人都可能会因此而死，他们死后的身体会保护和滋养这些种子，以便它们能够发芽和生长。

颠茄含有大量的颠茄碱和莨菪碱，这两种药物的毒性都很强，哪怕是最小的剂量也会导致精神病、幻觉、抽搐和癫痫发作。即使只是触摸颠茄也会让皮肤起水泡。用来描述颠茄碱中毒影响的一个常见押韵是："热得像野兔，瞎得像蝙蝠，干得像骨头，红得像甜菜，疯得像帽匠。"颠茄与疯狂联系在一起并不罕见：1555 年，植物学家安德烈斯·拉古纳（Andrés Laguna）

---

① Alexandru Borza; *Ethnobotanical Dictionary.*

在描述颠茄时写道："把一小杯颠茄根的提取物溶于酒中，能让人产生转瞬即逝的晕眩画面，让感官愉悦。如果剂量增加一倍，就能让人发疯三天。"

颠茄被命名为"阿特罗帕"，以纪念希腊的第三个命运女神阿特罗波斯（Atropos，负责剪断生命之线），她是三位摩伊赖（希腊神话中三位命运女神的统称）之中最年长的命运女神，主宰人类的生死。在她之前有克洛托（Clotho，命运之线

的纺织者），她纺出了一个凡人的生命之线；然后是拉刻西斯（Lachesis，命运分配者），她决定生命之线的长度；一到时间，阿特罗波斯就会用她的大剪刀把生命之线剪断。据说阿特罗波斯在人间时就变成了颠茄。

颠茄与致命性相联系是理所当然的，它在历史上造成了无数的死亡，无论是有意的还是无意的。据传，罗马皇帝奥古斯是被他的妻子露西亚·德鲁西拉（Lucia Drusilla）杀死的，死因是一盘掺了颠茄毒素的无花果。著名的女巫复兴主义者罗伯特·科克伦（Robert Cochrane）也在 1966 年死于此因。

众所周知，中世纪的威尼斯女性用阿托品滴眼剂来扩大瞳孔，让自己看起来更美。然而，过于频繁地使用这种药水，可能会让它沿着视神经传播，导致精神错乱。尽管在晚上，这可能会改善她们的视力，但是白天，在瞳孔扩大的情况下四处走动也会让人看东西变得困难和痛苦。扩大瞳孔的技术在当时并不只是一种流行方式，早期的眼科医生在手术前也使用它来简化工作，直到几十年前，眼科医生仍在使用这种药水。

人们普遍认为，贝拉多娜——"美丽的女士"——这个名字源于为了美容而扩大瞳孔的做法。然而，没有证据表明这种时尚曾传播到威尼斯以外的地方。有人提出，这个名字可能来自颠茄或"好女孩"（这是意大利巫医给取的名字），穷人在负担不起购买药物的费用时就依靠这样的巫医。[①] 人们相信，这

[①] A Brighetti; *From Belladonna to Atropine, Historical Medical Notes.*

些女巫是通过从另一个女巫那里继承权力而变成这样的。一旦继承，女巫就不能死，直到她找到其他人来继承。在《吉卜赛巫术与算命》（*Gypsy Sorcery and Fortune Telling*）一书中，查尔斯·利兰（Charles Leland）复述了 1886 年他在佛罗伦萨听到的一个传说。

城里有个女孩违背自己的意愿变成了女巫。她生病住院了，在她旁边的一张床上，有一位老妇人病得很重，但就是死不了。老妇人呻吟着，不停地喊道："唉！我该把它留给谁？"——但她没有说是什么。然后，这个可怜的女孩，当然以为老妇人是指财产，说："留给我吧，我太穷了。"老妇人立刻死了，可怜的女孩发现她继承了巫术。

直到 2018 年，阿托品还一直被使用着，当时神经性毒剂诺维乔克被用来毒害英国索尔兹伯里的两名俄罗斯侨民。诺维乔克的作用包括肌肉痉挛，扰乱心脏，可能还会导致呼吸停止。不过，这种毒效有时也会起到出人意料的作用，在 2018 年的毒杀袭击中，阿托品被用来让受害者的心脏恢复正常。

由于颠茄时常与死亡有关，很久以后，人们就把它与魔法和超自然的恶作剧联系在一起，关于这种植物的迷信是很多的。亨利·G. 沃尔特斯（Henry G Walters）是 20 世纪初的一位教授和植物研究者，他认为所有的植物都有爱和创造记忆的能力，它们还可能会像情人一样怀恨在心。他认为颠茄是一种充满仇恨的植物。在诺曼底，据说赤脚走在颠茄上面的人会立刻疯掉。[1] 在苏格兰高地，人们认为颠茄能够赋予人类看到鬼魂的能力。[2] 爱尔兰人认为颠茄更容易用于作恶；如果有人饮用蒸馏过的颠茄果汁，就会对听到的任何话语都很敏感。[3] 后来有一种说法或许也有些道理：莨菪碱是从茄属植物中发现的一种化合物，作为某些"能使人吐露实情的麻醉药"的成分。它是一种能改变高级认知功能的催眠药，自 1922 年起在美国使用，在多个法庭案件的结案中发挥了作用。尽管人们对这些测试的可靠性提出了严重质疑，但至今它们仍在使用。

最值得注意的是，颠茄成为传说中女巫和恶魔的玩物。据说，它受到恶魔本人的宠爱和照料，只有在瓦尔普吉斯之夜（4 月 30 日至 5 月 1 日），恶魔才会离开它，那时恶魔要为女巫们的安息日做准备。在这个晚上，你可以安全地把这种植物的根挖出来，但恶魔会留下一个"梦魇怪物"来保护它，只有新鲜的面包才能安抚它。

与罂粟和乌头一样，颠茄也是一种被女巫们用来做"飞行药膏"的一种植物——传说中这是用来运送她们到达黑色安息日的药膏。这种药膏实际上并不是用来飞行的，只是一种用来制造幻觉的混合物，与服用莨菪碱和鸦片制剂的副作用相同。

---

[1] William Branch Johnson; *Folk tales of Normandy*.

[2] James Kennedy; *Folklore and Reminiscences of Strathspey and Grandtully*.

[3] Jane Wilde; *Ancient Legends, Mystic Charms, and Superstitions of Ireland*.

虽然颠茄的近亲——龙葵（*Solanum nigrum*）没有像颠茄那样闻名于世，但它也带来了许多历史灾难。与它的近亲不同，它的毒性可能没那么大。1794年，有人记录了一个全家人误食它的案例，尽管母亲和孩子病倒了，但父亲没有。茄属植物中许多成员的毒性很难用是否可以食用的方式来预测：果实成熟时可以食用，但未成熟时是有毒的，植株的其他部分也是有毒的。

龙葵曾出现在莎士比亚的戏剧《麦克白》（*Macbeth*）中。当苏格兰国王邓肯（Duncan）受到挪威国王斯威诺（Sweno）的攻击时，麦克白邀请斯威诺和他的手下共进晚餐，讨论他们的投降条件，并用龙葵作为饮料和晚餐的装饰品。一旦他们睡着了，麦克白便带着他的部下屠杀敌军，在那些戒酒的人的帮助下斯威诺才得以逃脱。

魔噬花（Devil's Bit Scabious）: *Succisa pratensis*

无尽的小路陷在泥土里，

海湾和小径被荒芜的牧草环绕，

蓝色山萝卜的种子荚和几朵盛开的花朵，

从井里看天空，

有闪耀着霜冻般的星星。

我们在滑溜溜的鸭嘴板上跌跌撞撞，咒骂着，

像被无形的愤怒所诅咒，

比疲惫更坚强的意志，比动物的恐惧更坚强的意志，

含蓄而单调。

——弗雷德里克·曼宁《战壕》

魔噬花是一种原产于欧洲的高大草本植物，如今却遍布北美和中亚。它生长在草原和荒野地区，是传粉者的良好花蜜来源，也是沼泽贝母蝶（marsh fritillary butterfly）和蜂鹰蛾（bee hawk moth）等稀有昆虫的核心食物。

魔噬花这个名字源于它在治疗疥疮和其他皮肤疾病中的用途，最显著的是用于治疗鼠疫暴发时引起的疮。这种治疗作用来自它的根部，其根短而黑，具有药用价值。在民间传说中，魔鬼出于对人类的怨恨，把这种植物的根咬短，以阻止它发挥作用。这种植物在德国也有类似的名字，早在 1491 年出版的

《德国草药健康园地》（*Hortus Sanitatis*）称之为"魔鬼之咬"。

在英格兰南部，魔噬花被认为是一种有害的植物，会引起意想不到的火灾。它在耕地里生长得很好，在大多数其他植物被收割和晒干之后，它还能继续生长很长时间，这就意味着它的叶子中的水分开始发酵，然后燃烧，从而点燃留在田里的干草仓和草捆。为了确保储存干草的安全，农民们会将这些植物（俗称"火叶子"）紧紧地缠绕起来。如果有水被挤出来，那么这些植物依然有燃烧的可能，干草储存将不再安全。另一种造成类

似危险的植物是生长在魔噬花旁边的车前草（hoary plantain）。

一种与之相关的植物——紫盆花（*Scabiosa atropurpurea*），也被称为"悲伤的寡妇"。在葡萄牙和巴西，它通常被放在葬礼花圈中，在当地被称为"saudade"。这个词在英语中没有直接对应的翻译，表示的是一种深切的忧郁的思念——对心爱但已失去的某物或某人的渴望。它通常用来表示一种无法用言语完全表达出来的感受，即错过的人或物可能永远不会回来了。

罗布麻（Dogbane）: *Apocynum spp.*

蔓长春花的盛开，
像大马士革织布机上的毯子，
用鲜艳的蓝色编织着青翠的叶子；
上面有乳白色的花，
很快就会结满红色果实，
味道和气味都令人愉快。
草莓在倾斜的树林里，
编织着它那三瓣叶子的花冠。

——理查德·曼特主教《诗歌》

罗布麻是有花植物的一个小家族，在全球广泛生长，主要集中在热带或亚热带地区。这一科的成员以多种不同的形态生长——可以以树木、草药或藤蔓的形态出现。但它们有一个共同点：都有一种有毒的乳白色汁液，这些汁液会导致肿胀和炎症。不过，这似乎只会影响一部分人，有些人接触它后也不会有任何反应。

这种植物之所以也被称为"毒狗草"，是因为它在历史上不仅用来杀死狗，还用来杀死狼、狐狸及其他掠食性害虫。

罗布麻在加拿大和北美很常见，这个家族有一个特殊的成员叫"捕蝇草夹竹桃"（又茎加拿大麻，美国茶叶花），主要是因为它诱捕不愿授粉的昆虫。这些钟形的小花充满了甜美的花蜜，花药的形状很特殊，因此饥饿的苍蝇或蚂蚁必须从花药旁边挤过去才能吃到花蜜。这种植物的内部结构非常复杂，以至于猎物会被缠住，到了夏末，花朵里就会充满昆虫的尸体。

罗布麻家族中为数不多的无毒成员之一是蔓长春花（*Vinca major* 和 *V.minor*）。尽管它没有毒性，但在欧洲，它已与鬼魂、女巫和死者联系在一起，并有诸如"巫师紫罗兰"（法国）、"百眼"（意大利）和"永生之花"（德国）等民间名称。

在威尔士，蔓长春花是"死者的植物"。它主要生长在坟墓上，将其连根拔起被认为是不吉利的，因为坟墓里的人的灵魂会萦绕在做过这件事的人的梦中。[1] 在其他国家，它因被视为死者的守护者而受到尊重，人们并不会对它感到恐惧，还会将它编织成花圈，放在棺材——大多是儿童的棺材上。

在中世纪的英国，罪犯在走向绞刑架的路上时，会在脖子上戴上蔓长春花编织的花环。[2] 选择这种花的原因尚不清楚，也许是因为它们与绞索和坟墓的关系。

多年生山靛（Dog's Mercury）: *Mercurialis perennis*

他们都是整洁的家伙，身高不过一丈，胳膊和腿细得像线，脚和手却很大，脑袋在肩膀上滚来滚去。

——E. 鲁德金《林肯郡的民间传说》

多年生山靛是一种快速蔓延的杂草，遍布欧洲和中东的大部分地区。作为古代林地的一个指示物种，它喜欢阴凉潮湿的

---

① Marie Trevelyan; *Folk-Lore and Folk Stories of Wales.*
② William Emboden; *Bizarre Plants: Magical, Monstrous, Mythical.*

地区，其锯齿状的矛状叶子、绿色的小花簇和腐烂的气味使其与众不同。与罗布麻家族不同，这种植物英文名称中的"dog"与动物没有任何关系，而是指"假"或"坏"。多年生山靛是一种完全没有药用价值的植物，在这种情况下，它的命名可能是为了将其与一年生山靛区分开来，后者在视觉上与它相似，具有药用价值。

作为一种以有毒植物而臭名昭著的大戟科的成员，多年生山靛所有部位都有剧毒。它含有三甲胺，这种物质也存在于山楂花中，所以山楂会散发腐肉的气味。它还含有山靛碱（mercurialine），可引起体内炎症、肌肉痉挛、恶心和嗜睡。尽管死于这种植物的情况很少，但1693年的一篇报道说，有一个五口之家因食用了多年生山靛而患病，其中一个孩子因此死亡。[①]

多年生山靛的另一个民间名字是"博格特的小花束"。博格特是存在于某个特定地方的恶毒又淘

———————————

[①] Richard Mabey; *Flora Britannica*.

气的保护神，比如一个家、一条河、一座山或其他地方。多年生山魈也被称为"臭熊"或"妖怪"，这个名字来自爱尔兰语中的 púca——"鬼魂"，一种类似至今仍存在于爱尔兰的博格特的神话生物。在苏格兰，它也被称为"妖怪"。

博格特会选择一个特定的家庭出没，即使他们搬走了，它也会跟随他们。野生的博格特会诱拐儿童，杀死陌生人，而家养的博格特会把牛奶变酸，晚上会用湿漉漉的手捂住熟睡者的脸，然后偷走他们的床单，这是一个表现最好的博格特。只有你给它起了一个名字，它才会变得真正不受拘束且具有破坏性。消除它恶作剧的唯一方法是在门上挂一个马蹄铁或者在卧室外面留下一堆盐。据说，家养博格特可能是温和又乐于助人的家庭精灵，而一旦受到冒犯或虐待，就会变得邪恶。博格特通常是隐形的，有时以人、动物的形式出现。住在家里的博格特是丑陋的、黑色的。据说，有的矮胖、多毛，胳膊异乎寻常地长；另据来自约克郡和兰开夏郡的报道称，有些博格特看起来像马，在追逐猎物时还会发出类似猎狗的叫声。

索科龙血树（Dragon's Blood Tree）: *Dracaena cinnabari*

"死神降临！"

神是善匠，

有金，有铁，有土，有木，有爱心，有劳碌，

在毁灭和流血的宝座之上。

——G.K. 切斯特顿《白马歌》

索科龙血树是也门索科特拉岛特有的植物，这个岛上 30% 以上的植物物种是地球上其他地方所没有的。整棵树看起来就像一个蘑菇，树干和下面的树枝都光秃秃的，只有树枝的末端长满了叶子和花朵。每年结果一次，小小的橙色果实在树枝间串成一串。

索科龙血树最引人注目的是其鲜红色的汁液，当活木被切开时，它会自动"流血"，这也是它得名的原因。这种树脂干燥后会形成固体晶体，在历史上被用于染料、医药、家具清漆、炼金术和许多其他地方。传说中，第一棵索科龙血树是由一条在与大象殊死搏斗中死去的龙的血所生，因此取名"龙血树"（*Dracaena*）。这个名字来自希腊文 *drakaina*，意为雌性龙。

世界上有许多"流血树"，虽然大多数现代的龙血树源于

东南亚的麒麟竭，但这种产品的原始来源是索科特拉岛的龙血树（*D.cinnabari*）。虽然从多棵会"流血"的树中提取的树脂可以并且已经作为龙血来销售，但我们知道，索科特拉岛龙血树被早期罗马人当作染料、绘画颜料和治疗呼吸道疾病的早期药物，并且还和加那利群岛龙血树一起被用作家具清漆和18世纪后期小提琴的清漆。在同一时期，有一种牙膏的配方需要用到索科龙血树脂。在今天的美国胡毒巫术中，龙血树脂仍然被当作一种香料，也被当作一种被称为"龙血墨水"的染料，用于雕刻护身符和魔法印章。

另一种能"流血"的树木是龙血巴豆（*Croton lechleri*），

即龙之血。这种树的树脂曾被当作阿兹特克纺织品的深红色染料。关于它是如何产生的，有一个传说流传至今。

传说中有个王子只收藏最好的黄金和宝石。他渴望得到更多的财富，于是雇了一帮小偷伏击富商，偷走他们的货物。然后他会带奴隶到森林里挖一个洞，这样他就可以把偷来的珠宝埋在树下；但一旦挖好了洞，他就会杀死奴隶，把奴隶的尸体和珠宝一起埋在地下。这样一来，不仅地点仍然是秘密的，而且按照他的计划，奴隶的鬼魂也会永远保护他的宝藏。

这种情况持续了好几年，他的故事也在奴隶中流传开来。终于，他受到了命运的审判：在一次这样的丛林之旅中，王子的奴隶在被杀之前背叛了他，反杀了王子。王子最终被埋葬了，而奴隶拥有了宝藏，过上了好的生活。

在王子被埋葬的地方长出了一棵流着血的树，据说这就是龙血树在世界上存在的原因。

在加那利群岛特内里费的一个小镇拉奥罗塔瓦，有一棵被称为"奥罗塔瓦龙血树"的植物被该岛的原住民关契斯人奉为圣物。在加利福尼亚州的大红杉被人所知之前，加那利群岛龙血树被认为是现存最大、最高的树，高82英尺，周长 75 英尺。[1] 这棵树大约有 6000 年的历史，并且被挖空建造了一个宗教用途的圣殿。不幸的是，这棵树在 1867 年被风吹倒了。

在此之后，下一个获得称号的标本被称为"千岁龙"，它生长在同样位于特内里费岛的伊柯德维诺斯。它有 65 英尺高，有 800—1000 年的历史。

最后，另一种值得注意的"流血树"是紫檀属。原产于西非的萨赫勒地区，这些树也被称为"非洲柚木"或"吉纳紫檀树"。后一个称呼来自与其他龙树同名的流血效应；但这次不是树脂出血，而是一种叫作吉纳的植物胶，它比树脂更轻薄，流动性更好。吉纳可用于制革和染料，也可以作为春药。

1978 年的《马拉维社会期刊》（*the Society of Malawi Journal*）上有一篇关于当地一棵树的迷信的有趣报道。该报道记载了 1966 年采访当地村民雷德森·恩坎比（Redson Ng'ambi）的内容，节选如下。

在南瓦菲村的路边有一棵树。这棵大树有许多树枝。如果你砍掉一根树枝，你就会死去。如果你砍断它，红色的血液开始流出；如果你爬上去，你就永远不会回来了。

大树里面有一些巫师。如果你路过那里，就能听到他们的声音，即使你离得很远，也能听到嘈杂之音。如果你仔细

---

[1] Alexander von Humboldt; *Cosmos: A Sketch of a Physical Description of the Universe.*

倾听，你会发现你周围有很多人，有些人会殴打你，到晚上你会死去。

有一天下雨了，雷声和闪电烧毁了它。它移动了大约 8 英尺。布兰比亚所有的叶子都从树上掉了下来，一场大风杀死了许多生物，比如鸟和鸡。

有了这样的故事，这棵树会被认为是闹鬼或具有某种魔力也就不足为奇了。然而，这个特殊故事背后的真相仍有可能被解开。这棵树生长在卡塞河（Kaseye River）的纳菲（Namwafi）附近，离马拉维（Malawi）的奇努卡（Chinunka）不远。由于靠近河流，吹过河谷的风毫无疑问会发出上述巫师们的声音或呻吟声，如果风暴真的摧毁了这片区域，也许这棵树本身并没有移动，而是它旁边的河流已经改道了。

黛粉芋（Dumb Cane）: *Dieffenbachia spp.*

有一种沉默——钟声使我们紧闭双唇。

在我们的心中，

曾经如此热烈，

现在却注定空虚。

　　　　　　——亚历山大·勃洛克《生于黑暗时代的人》

黛粉芋，英文通名为哑藤，也被称为"豹斑百合"或"婆婆的舌头"，最初来自南美洲，作为一种受欢迎的室内观赏植物已进入许多家庭。虽然哑藤这个名字很常见，但是它的起源却不太为人所知。这个名字源于这种植物的毒害作用，它会使声带发炎，导致人无法说话和无法呼吸。这种症状是由微小的草酸钙引起的，针状物的草酸钙被称为"针晶体"，存在于植物的各个部位，尤其是茎部。由于这些针状物会刺激皮肤，当针状物扎进口腔和喉咙的软组织时，会引起强烈的灼烧感，令人不断地流口水，还会引起嘴唇、舌头和嘴巴肿胀。

虽然从来没有记载显示黛粉芋是致人死亡的罪魁祸首，但它曾被用于加勒比海的甘蔗种植园，作为对违反命令的奴隶的惩罚。奴隶们被迫吃下植物的叶子，这将导致他们变成哑巴，而且在一段时间内无法进食。[1]

① Hui Cao; *The Distribution of Calcium Oxalate Crystals in Genus Dieffenbachia.*

接骨木（Elder）: *Sambucus spp.*

> 有坚硬树皮的接骨木，真是伤人的树，
>
> 从河边为军队预备马匹的，
>
> 必被焚烧，甚至被烧焦。
>
> ——佚名《费格斯·麦克·莱蒂的暴力死亡》

在北半球，野生的接骨木是常见的景观，生长在灌木丛中，在早春，它的白色花朵令人愉悦，很受欢迎。接骨木花和接骨木果被越来越多地用作烹饪调味料，而且它很容易被挖空，已经被用于手工制作数百年了。接骨木还能生产多种染料，它的浆果呈蓝色和紫色，叶子呈黄色和绿色，树皮呈黑色。

尽管它有这些用途，但是，接骨木和黑刺李树一样，不知为何被迷信和坏运气拖累了。可能是因为这两棵树很相似，很多关于这两棵树的民间传说都相互交叉了。它们都是普通的灌木篱笆树，大小差不多，都在春天开花，年底结满深色

的可食用
浆果。关于这种潜在交
叉的一个很好的例子出现
在 1905 年的《民间传说》（*Folk-
Lore*）杂志上，说的是一个猎场看守人
被接骨木绊倒，被荆棘刺伤后得了破伤风而
死。这篇文章认为被接骨木刺伤是致命的，但其实接骨木树
是不长刺的，关于树刺致命的迷信通常属于黑刺李木。

　　不管是否与黑刺李木相混淆，事实仍然是，接骨木终究
是一棵被诅咒的树。在英国诸岛，人们相信如果在一棵接骨木
树下入睡，你就再也不能醒来；它还与巫术有关，据说，天黑
后砍伐或触摸接骨木是不吉利的。[1] 游牧民族吉卜赛人也有这
种信仰，可能是因为接骨木燃烧速度快、温度高、噪声大、气
味难闻。燃烧着的接骨木树枝冒出的烟据说能使女巫暴露，如
果一个孩子将接骨木树皮的汁液涂在眼睛周围，就可以看见女
巫，并与之交谈。

　　据说矮接骨木（*Sambucus ebulus*）只生长在流过血的地方，
尤其是丹麦人的血。这种迷信与欧白头翁（*Pulsatilla vulgaris*）
有相同之处，因为它们都生长在开阔的高地上，比如丹麦人曾
经战斗过的古老山岗堡垒的高地边界。矮接骨木的未成熟浆果

---

① Enid Porter; *Cambridgeshire Customs and Folklore.*

的毒性被归咎于一个古老的诅咒，这是由在战斗中倒下的丹麦人造成的。[1]威尔士人称矮接骨木为"Llysan gwaed gwyr"，即含有人类血液的植物；而在英格兰，它被称为"血红酸模"或"死亡之汁"。

在爱尔兰，有一句谚语："被诅咒的地方有三个标志：接骨木、秧鸡和荨麻。"被诅咒的地方被认为是任何没有生命力的地方，也许这种看法有一定的道理。在刚清理干净的土地上，接骨木是生长最快的树木之一，荨麻也是，而孤单的长脚秧鸡喜欢浅灌木丛，如干草和草原。

爱尔兰人的另一种传说是接骨木的脾气不好，爱恶作剧。据说，如果一个人被用接骨木制成的武器杀死，那么在他死后，他的手会从坟墓里伸出来。这只是众多与死亡有关的迷信之一。苏格兰人将它种植在坟墓上，以防止死者复活，这一习俗也反映在历史上的蒂罗尔（Tyrol，现在属于意大利北部和奥地利西部），蒂罗尔人认为，看到坟墓上盛开的接骨木花，就意味着死者去了天堂。

关于如何制作一具黏土尸体或黏土娃娃的说明中也提到了接骨木。以下是 1566 年一项记录的摘录。

至于黏土的制作，他们的工艺是这样的：你必须取一个新造的坟墓，一个男人或女人的肋骨……和一只黑蜘蛛，还有一棵在温水中调和的接骨木（树）的树芯。在温水中首先必须清

---

[1] Berta Lawrence; *Somerset Legends*.

洗癞蛤蟆。

——马里恩·吉布森《1550—1750 年英国和美国的巫术与社会》

然后用别针固定这个黏土娃娃，或者用其他方法把它放在溪流中。在那里，水流会开始冲坏黏土，把它带走，目标受害者也会随之烟消云散。

在整个欧洲，众神与青睐这种树的神灵之间存在一个联系网。

北欧的《诗体埃达》（*Poetic Edda*）谈到，黑暗精灵生活在海岸和洞穴里，因为它们特别喜欢浓郁的花香，所以会选择在接骨木树下举行仪式。还有人提到了接骨木树妈妈——住在树里面看守树的树妖，任何伤害这棵树的人都会受到她的惩罚。这是对类似欧洲信仰的一种回应，即这棵树是由女巫占有和守护的。这种信仰传到了英国，在那里她被称为"埃尔霍恩夫人"，在德国和丹麦，她被称为"海尔德·莫尔"或"海尔德·因德"。在下萨克森州，伐木工人会在砍伐接骨木之前提出申请，然后弯曲膝盖，问道："接骨木女士，给我一些你的木头吧，我将回报给你一些我在森林里另外砍来的木材。"[1]

在德国，据说树上的洞也被保护这棵树的古代木精灵当作门道。虽然有故事说它们会把迷路的旅行者带回路上，但也有人认为这是接骨木女王为了报复那些破坏树木的人，通常会让他们睡着或完全消失。

---

[1] Richard Folkard; *Plant Lore, Legends, and Lyrics*.

再往东到波罗的海沿岸，诸神的参与就更深入了。当历史上的普鲁士国还存在时，接骨木树是地球之神普希蒂斯（Pušaitis）的家。每年两次，农民会把面包和熊肉留在接骨木树下，地球之神的仆人巴尔斯图凯（Barstukai）与收割妖精考纳斯（Kaukas）关系密切的精灵也会帮着收拾这些东西。[①] 普希蒂斯和他的拥护者们都深受人们的尊敬，被视为森林的守护者。

在现代立陶宛，接骨木树也拥有同样的地位，这种树属于死神维尔尼阿斯（Velnias），也称"韦拉斯"（Velas），他也是魔法之神、变形之神、黑色动物和鸟类的创造者、森林的守护者。后一种联系可能来自立陶宛人的信仰，即逝者的灵魂在前往冥界之前会在接骨木树上短暂生活，风中树叶发出的声音是死者将信息传递给他们所爱之人的声音。立陶宛禁止砍伐树木，树或树桩所在的地方被视为建造房屋的不祥之地。

---

① Daiva Šeškauskaitė; *The Plant in the Mythology.*

毒欧芹（Fool's Parsley）：*Aethusa cynapium*

上帝给了你什么，小家伙，为什么你有如此可怕的命运？

你刚出生，就被这样一个敌人杀死了吗？

难道你对希腊人民来说永远是神圣的吗？

难道你的死是如此光荣的葬礼吗？

宝贝，你死了，你被无情的蛇尾巴击中了，

你不再甜睡，你的眼睛睁开了，只剩下死亡。

　　——普布利乌斯·帕比尼乌斯·斯塔提乌斯《忒拜记》第五卷

毒欧芹是一种一年生草本植物，因其高大的伞形白色花朵而与众不同。它与其他有毒植物，如毒参、羊角芹、巨型猪草和水芹有关，在视觉上也非常相似。这些都是在不列颠群岛和欧亚大陆上茁壮成长的有毒植物。

作为一种常见的野花，它在当地有许多民间名字，如"魔鬼的魔杖"、"小毒参"和"母亲之死"。在欧洲，至少有 12 种植物的名字与"母亲的死亡"有关。人们普遍认为，孩子们不可以选择其中任何一个名字，因为这肯定会导致他们的母亲死亡。尽管很多植物名称与此有关，但毒欧芹是其中唯一一种真正有毒的植物。然而，峨参的英文名 cow's parsley 与之类似，这说明可能最开始 cow's parsley 这个英文名是属于毒参的，因为毒参的外观很容易与毒欧芹混淆。

毒欧芹的所有部分都有毒，会引起口腔和喉咙的灼烧感，如果进入胃部，还会导致起水泡和烧伤，以及肌肉麻痹和窒息死亡。尽管因食用毒欧芹而死亡的记录很少，但也并非闻所未闻。1845 年，一名英国儿童将毒欧芹的根误认为是萝卜，食用后，死于窒息和破伤风。[①]

毒欧芹又被称为"傻瓜"欧芹，因为它与我们更熟悉的草本植物，即真正的欧芹，有着惊人的相似性。不幸的是，这种植物有毒的天性让普通的食用欧芹名声不好，很长一段时间以来，它一直与魔鬼联系在一起。欧芹从种子生长到发芽需要很长时间，据说它会一直生长到魔鬼那里，然后再长回来。连根拔起毒欧芹会打开一条通往地狱的道路，将使家人们面临被带去地狱的危险。

毒欧芹也曾作为一种葬礼草药被献给古希腊的冥后珀耳塞福涅。这种联系来自俄斐尔忒斯的传说，他是吕枯耳戈斯国王（King Lycurgus）的幼子。有一天，他的护士没有照顾好

---

① Charles Johnson; *British Poisonous Plants*.

他，他被蛇咬死了（或被一条蛇状的龙勒死，这取决于故事的版本），血液流到了地面，流经的地方长出了欧芹。在他被埋葬之前，俄斐尔忒斯被重新命名为阿切莫鲁斯（Archemorus），意思是"死亡的先驱"，因为特尔斐（Delphi）的神谕预言了他的早逝。从那时起，毒欧芹一直与葬礼联系在一起。希腊的坟墓会用这种草药的花环来装饰，而"只需要欧芹"这个短语被用来暗示某人即将死亡。

毛地黄（Foxglove）: *Digitalis purpurea*

美丽的弗洛拉戴着狐狸手套，

以免采花时碰到荆棘。

——亚伯拉罕·考利《花之书》

毛地黄（别名洋地黄）在北半球很常见，夏天的毛地黄非常独特，它的钟形花可以长到 5 英尺高，远远超过大多数野花。虽然野生毛地黄通常是紫色的，但也有粉色、白色、红色和奶油色。人们可以用毛地黄的叶子制成黑色染料。在威尔士，这种颜料被用来在石头小屋的地板上画线和十字架，以驱赶女巫。

比毛地黄茎上的花色更丰富的，就是与它有关的民间名字和传说的数量。与毛地黄的一个英文名称"foxglove（字面意思为狐狸的手套）"相似，它的许多别称与狐狸或手套有关；但更多时候，它的名字围绕仙女展开，就像许多花朵呈钟形的植物一样。挪威有一个传说讲述了一个仙女教狐狸如何敲响毛地黄的铃铛，以提醒同伴附近有猎人。在挪威语中，毛地黄被称为"狐狸铃"。这与芬兰蓝铃花的故事非常相似。在芬兰，蓝铃花被称为"猫铃花"。猫铃花会在猫靠近时，向老鼠发出警告。

毛地黄在挪威的民间名称为"狐狸音乐"，这个名称又可

以指一种早期乐器，名为"小铃铛"，由悬挂在华丽拱门上的一圈铃铛组成。可能是因为它的外表与毛地黄高大的花茎相似，甚至在早期的盎格鲁 - 撒克逊英格兰，它被称为 foxes-gliw，与挪威语的翻译相同。

毛地黄的许多俗称与手套或手指有关。在法语中，它被称为"圣母的手套"和"圣母玛利亚的手指"；在威尔士，它被称为"妖精的手套"。它还有一个很早的名称是"乡亲们的手套"，"乡亲们"可能指的是不列颠群岛善良的人们，因为他们认为花上的斑点是仙女飞行后降落在花瓣上的足迹。另一个在英国流行的故事讲的是仙女把花送给狐狸，让狐狸把花放在爪子上，这样它们在袭击鸡舍时就不会发出声音，因此，"狐狸的手套"就这么产生了。

在毛地黄的各种俗名中，根西岛对它的称呼很与众不同，毛地黄在那里被随意称为"克拉克"，意思是拍手喝彩的人。这来自孩子们的爆破游戏，他们把钟形花朵的空气收集起来，然后按住末端，直到把花朵挤爆。

尽管有很多传说，但这个名字的真实性并没有那么神奇。在 16 世纪，植物学家伦纳德·福斯（Leonard Fuchs）首次记录了 Fuchs 这个名字，Fuchs 在德语中是"狐狸"的意思。学名 *digitalis* 来自拉丁语，意为"手指"，指的是一朵花大约是一根手指的长度。不久之后，它就与手套联系起来，于是这个名字就被记录为"狐狸手套"。

在英格兰的北德文郡和康沃尔郡，毛地黄与圣内克坦

（Saint Nectan）有关。圣内克坦出生于公元468年，是威尔士国王布莱坎（Brychan）的长子。在受到圣安东尼（Saint Anthony）的故事启发后，圣内克坦离开了家庭，成为一名隐士。他本来一直过着平静的生活，有一年夏天，两个路过的强盗发现了圣内克坦拥有一对奶牛，于是他们把奶牛偷走了。圣内克坦发现后便连忙追赶他们，当他追上强盗时，却被强盗砍下了头颅。圣内克坦不愿死在离家很远的地方，于是他拾起自己的脑袋走回小屋，最后躺在小屋死去。他所到之处，血流到了哪里，哪里就有毛地黄冒出来。

如前所述，毛地黄与精灵有着密切的联系。据说精灵们住在毛地黄的花钟里，当精灵们经过这些花时，毛地黄还会鞠躬表示敬意。毛地黄的另一个特征与蓝铃花相似。希罗（Shefro）也特别喜欢毛地黄，她是一个热爱交际的爱尔兰精灵，在午夜狂欢时会戴着毛地黄的铃铛。[①]

毛地黄还能帮助普通家庭摆脱"换生灵"的疑虑。在欧洲流传着关于换生灵的传说，据说人类婴儿被换成了精灵的孩子，但在一些罕见的情况下也有成年人被换走的，如19世纪爱尔兰著名的布丽奇特·克利里（Bridget Cleary）事件。人们对换生灵的恐惧是非常真实的，许多谋杀和杀婴的案例被认为是换生灵干的，这可能源于中世纪早期对儿童发育障碍和疾病的担忧。不管一个孩子被怀疑调包的原因是什么，有多种方法能让换生

---

① Walter Evans-Wentz, *The Fairy-Faith in Celtic Countries*.

灵把换来的人类婴儿还给父母。一种方法是用毛地黄的汁液给孩子洗澡，或者在孩子的床下留下一片毛地黄。[1] 更详细的"治疗"方法如下。

把毛地黄的汁液挤出来，在孩子舌头上和耳朵上分别滴三滴，然后把孩子（疑似被换生灵调包的孩子）放在家门口的铁锹上，用铁锹把他甩出门外三次，说："如果你是被调包的孩子，那就走吧。"如果他是，就会在当晚死去；但如果不是，那孩子肯定会开始好转。[2]

但实际上如果采用这种治疗方法，孩子很可能会死亡，而不是康复。这是因为毛地黄含有洋地黄毒苷（digitoxin），这种毒素会阻碍血液循环，减缓心脏跳动，直到心跳完全停止。意外中毒是死亡的一个常见原因。1822 年，《时代望远镜》（*Time's Telescope*）的一篇文章讨论了一种正在英国德比郡兴起的时尚，贫穷的妇女将喝毛地黄茶作为一种廉价的醉酒方式，因为"它能使人精神振奋，并对整个身体产生奇特的影响"。毛地黄茎中的洋地黄毒苷含量非常高，要是一不小心喝了插着毛地黄的花瓶里的水，甚至会死亡。这种程度的毒性给了它一个民间名称——"死人的铃铛"。

但它也并非一无是处。洋地黄毒苷在现代医学中仍被用于

---

[1] Jane Wilde; *Ancient Legends, Mystic Charms, and Superstitions of Ireland.*
[2] Lewis Spence; *The Magic Arts in Celtic Britain.*

治疗某些心脏疾病，历史上，它曾被用于治疗乌头类中毒，有一段时间还被用于治疗癫痫。但那些反复服用大剂量洋地黄毒苷的人通常会发现他们的视力受到了影响，因为这种化学物质也针对视网膜中的酶。这导致了一种被称为黄视症的疾病，它会引起视觉模糊和看物体时呈黄色，以及由冠状突起包围的黄色斑点。甚至有人推测，梵高的癫痫病可能是用洋地黄毒苷治疗的，从而导致了他晚年创作的画作黄色浓重，比如他著名的《星月夜》（*The Starry Night*）中旋转的天空。在他的画作《加歇医生的肖像》（*Portrait of Dr. Gachet*）中，他提到了这一点，画中他的医生手持一束毛地黄花。

在民间医学中使用毛地黄需要非常稳定的手法和对其危险性的广泛了解，而来自苏格兰邓德伦南村的治疗师珍妮特·米勒（Janet Miller）便将它作为治疗疾病的首选植物。她是一个非常受欢迎的治疗师，在教区四处奔波，照顾病人，但随着她的声名鹊起，巫术指控也随之而来，最终于1658年在邓弗里斯被审判并处决。

真　菌（Fungi）

当月亮满月时，
蘑菇可以随意拔；
但当月亮渐亏的时候，
且等等再拔吧。

——英国埃塞克斯的民谣

理论上来说，真菌可能不是植物，但仍然值得一提。它们是生活在一个完全不同的生物王国里的有机体，我们通常所说的"蘑菇"实际上是真菌的子实体部分，它允许真菌繁殖。真菌这个术语通常用来表示具有茎、帽和菌褶的菌体，如常见的可食用小蘑菇和伞菌，但"蘑菇"已经成为一个常用的口头术语，用来表示整朵子实体。撇开技术问题不谈，如果我们不讨论围绕林地和灌木丛中这些重要"居民"的丰富知识，那就太失职了。

在儿童书籍、圣诞卡和维多利亚时代复兴的童话绘画流派中，蘑菇的意象无处不在，与我们对魔法的想象有着内在的联系。20世纪早期的童话插图充斥着栖息在蘑菇上的仙女和小妖精。刘易斯·卡罗尔（Lewis Carroll）的《冒烟的毛虫》（*Smoking Caterpiller*）就是拿蘑菇当宝座，俗气的花园侏儒们拿着鱼竿和报纸栖息在上面。在中世纪佛兰德画家的世界里，伞菌经常出现在描绘地狱的画作中。它们往往是作家们最喜欢的关于腐朽和衰败的隐喻，在莎士比亚的戏剧中大量出现，在济慈、雪莱（Shelley）和丁尼生（Tennyson）等古典诗人的作品中也随处可见。

也许是蘑菇的神秘特性让我们对它们如此感兴趣。它们似乎是在一夜之间出现的，没有我们将植物联系起来的那种缜密的思考。它们在大小、形状和颜色上差异巨大，除非你真的了解它们，否则带回家当晚饭吃是非常危险的。它们的许多常见的名字都是描述性的——结队的面包屑帽、火鸡尾巴、炒蛋泥，但其他名字则更具有幻想色彩（并具有预警作用），比如毁灭天使（又名剧毒白毒伞子）、死人的手指和寻尸者（又名红褐黏滑菇）。

世界各地都有关于蘑菇的民间传说和神话，比如中美洲有一个信仰，认为蘑菇实际上是森林精灵携带的小伞，可以用来遮雨，当精灵在黎明返回家园时，它们就会被丢弃。有一个古老的基督教故事说，蘑菇是在上帝和圣彼得一起在麦田行走的那一天创造的。圣彼得摘了一根黑麦，开始咀嚼，上帝惩罚了他，让他把黑麦吐出来，他照做了。上帝说，这些谷物将会长出蘑菇，用来养活穷人。立陶宛民间传说中也有类似的故事，蘑菇被认为是死神维尔尼阿斯的手指，从冥间伸出来喂饥饿的人。蘑菇不仅在立陶宛与死人有联系，在非洲的一些地方，它们还被视为人类灵魂的象征。

许多世纪以前，古埃及人相信蘑菇是从闪电击中地球的某个地方生长出来的，是神派来给吃蘑菇的人提供永生的。因此，只有法老才能吃这种神圣的食物。

人们对食用真菌的恐惧，很大程度上来自难以识别许多有毒物种，它们可能看起来像它们的良性表亲，让人产生误解。对于如何找出其中的有毒物种，有许多民间说法，但每一个说法都没有科学依据。其中包括把蘑菇放在洋葱中间，有毒的蘑菇会把洋葱变成蓝色或棕色。类似的说法还有，当存在致命真菌时，欧芹应该会变黄或者牛奶会凝固。

奥扎克人（早期定居在美国奥扎克高原的英格兰人、有苏格兰和爱尔兰血统的人以及德国人）认为蘑菇只有在满月的时候才可以吃，在其他任何时候，它们都是致命的，或者至少是令人不愉快的。[①] 这个概念可能是随着移民一起传播的，因为在不列颠群岛也存在类似的信仰。

事实上，一个可能有一定依据的概念是可以通过将子实体与银币一起在水中蒸煮来识别有毒蘑菇，或者也可以用银勺子搅拌锅，如果勺子或银币变黑，蘑菇就是有毒的。银通常被认为是一种"纯"金属，因此小说中经常重复这样的观点，即银子弹或银刀可以很好地防御狼人和其他超自然的同类，因此，像毒蘑菇这样邪恶的东西肯定会玷污这种金属。这听起来可能只是迷信，但当银暴露在某些气体中时会变质，例如硫化氢，这可能发生在某些真菌的毒素周围。然而，这个概念背后的科学性并没有得到证实，它仍然不是一种推荐的辨识方式。

虽然许多蘑菇聚集在树桩和沼泽地面上没有危害，但有一

---

① Vance Randolph; *Ozark Magic and Folklore.*

种特别的生长形式促使了蘑菇圈与周围世界发生各种故事。在一些国家，人们更通俗地称之为"菌圈"，这些菌圈是由菌丝体的生长模式造成的，菌丝体是一种产生蘑菇的地下真菌。菌丝体从一个点开始向外呈圆形生长，从土壤中吸取养分，一旦这些营养耗尽，菌丝体就会继续往外扩张，把蘑菇圈推得越来越大，偶尔会导致多个蘑菇圈逐渐增大。据记载，目前最庞大、最古老的蘑菇圈在法国的贝尔福特，宽 2000 英尺，大约有 700 年的历史。

　　这些蘑菇圈的形成可能在一夜之间，几个世纪以来，这种突然的出现让人们相信这是神奇的力量在起作用。在不列颠群岛，据说这些蘑菇圈出现在暴风雨后仙女们跳舞的地方。然而，就像许多与精灵有关的地方一样，任何凡人只要踏进其中，危险就会降临；闯入者可能会发现自己睡了 100 年，或者被迫跳舞来使精灵开心，直到他们疲惫或疯狂而死。蘑菇圈并不总是带来坏运气，在蘑菇圈出现的地方盖房子被认为是幸运的，而且据说蘑菇圈本身就是埋藏宝藏的地方，要找到它，你必须向精灵们寻求帮助。

在欧洲其他国家，蘑菇圈通常与巫术及魔鬼联系在一起。在荷兰，据说蘑菇圈是魔鬼每晚放下牛奶搅拌器的地方，当他再次拾起它时，会在地上留下一个记号。在法国和奥地利，蘑菇圈与黑暗巫术有关，据说晚上有巨型蟾蜍守护，任何试图进入的人都会被诅咒。阿尔卑斯地区的提洛尔历史悠久，现在是意大利北部和奥地利西部的一部分。在提洛尔，据说蘑菇圈不是由仙女或魔鬼创造的，而是一条龙在夜间休息时形成的，它将土地烧焦，只有蘑菇才能生长。

纳米比亚也有类似的现象。蘑菇圈出现在纳米布沙漠中，那里的沙质草原上出现了高达40英尺的近乎完美的蘑菇圈，持续生长了几十年，却在一夜之间突然消失。与北方的同类植物不同，这些蘑菇圈不是由真菌引起的，据说它们是沙白蚁筑巢吃掉草根的结果。这些"鬼圈"在当地的口头传说中被解释为是自然神的作品，自然神将它们作为地球和精神世界之间的门户。

剧毒鹅膏菌家族：*Amanita spp.*

剧毒鹅膏菌家族含有我们所知的最致命的天然毒物之一。在全球，因食用蘑菇而导致死亡的案例中，有90%是剧毒鹅膏菌家族成员造成的。一朵剧毒鹅膏菌就能杀死一个成年人，这不仅仅是因为它含有致命剂量的鹅膏毒素（amatoxins），更重要的是，人们在吃下剧毒鹅膏菌后，可能6—24小时之后才会出现中毒症状，但到那时已经晚了，受害者已经很难被救活了。

据报道，吃下剧毒鹅膏菌后一开始的症状只是深感不适，随后是剧烈的痉挛，一两天后似乎有所改善，但最终在一周内会导致肾和肝衰竭。虽然一些吃过这种蘑菇的人因为及时进行了器官移植而得以存活，但大多数的食用者都无法存活下来。

这个家族中的真菌包括死亡天使——白毒鹅膏菌（*Amanita verna*）、死亡帽——黄绿毒鹅膏菌（*A.phalloides*）和毁灭天使——鳞柄白鹅膏（*A.virosa*）。

剧毒鹅膏菌家族中唯一不致命的成员也是最容易被识别的一种真菌是毒蝇鹅膏菌（*A.muscaria*）。它出现在一年中较晚的时候，通常在8—11月，生长在桦树和云杉树下，由于具有红色帽子和白色疣状物的特征，所以往往能立即被认出来。毒蝇鹅膏菌是我们在艺术和文学中所熟悉的"传统"伞菌，多年来因其致幻特性而被使用，通常被当作具有精神和宗教目的的致幻剂（意为"从内部召唤神灵"）。

欧洲日耳曼和北欧地区常见的民间传说表明，"伞菌"的名字来自蟾蜍和青蛙，因为它们容易被这种真菌吸引，并将其当作可以栖息的树木或庇护所。这种观念也影响了这些地区的国家对"伞菌"的称呼，在爱尔兰、威尔士、德国、挪威和荷兰等地，人们称之为"蟾蜍帽""青蛙奶酪""青蛙袋""蟾蜍脑"。然而在现实生活中，人们很少会真的看到蟾蜍或青蛙待在伞菌旁边，它们对自己的栖息地有着特别的要求，伞菌并不能吸引它们。

据推测，这种联系并不是来自蟾蜍，而是来自古布列塔尼语的蟾蜍 tousec，它源于拉丁语 *toxicum*，意思是"有毒的"。布列塔尼语对毒蝇鹅膏的最初称呼是 *Kabell tousec*，可以翻译成"毒帽"或"蛤蟆帽"，而变体 *skabell tousec* 则可翻译成"毒凳"和"蛤蟆凳"。[①] 由于当时印欧语系的语言混杂在一起，两种语言的翻译在某种程度上出现交叉也就不足为奇了，民间故事也许只是为了解释这个不寻常的名字。

对比而言，毒蝇鹅膏菌的英文名更容易解释。英文名中的 Agaric 指一种伞菌，它的蘑菇柄上长着带着菌褶的蘑菇帽；而英文名中的 Fly 则是因为人们长期将这种蘑菇当作杀虫剂。人们通常把这种蘑菇切成片放在一碟牛奶或水里用来招苍蝇，以此毒杀苍蝇。

尽管其毒性足以杀死昆虫，但毒蝇鹅膏菌最臭名昭著的是它的致幻毒性。这是由两种毒素——鹅膏蕈氨酸（ibotenic acid）和毒蝇蕈醇（muscimol）引起的，这两种毒素会导致头晕、谵妄和中毒，并且在大剂量情况下会导致深度睡眠，然后昏迷。为了最大限度降低毒蝇鹅膏菌毒性的副作用，人们通过烘干、烟熏、制成饮品或药膏等方式对其进行处理。

在西伯利亚，驯鹿也被这种真菌的醉人效果所吸引。据说，早期部落的人看到了这些动物类似醉酒的行为，会宰杀并吃掉它们，以体验同样的醉酒效果。另一种倒胃口的方式是喝食用过毒蝇鹅膏菌的驯鹿的尿液，这些毒素在水中会保持活性，不会有过量服用的危险。

---

① Valentina Pavlovna Wasson; *Mushrooms, Russia, and History.*

最近的一种说法是，早期圣诞老人的传说可能来自世界的同一地区。据记载，西伯利亚堪察加半岛的科里亚人（Koryak）有过冬至节的习惯，当地东北地区的其他民族也有类似的节日，节日当天，当地的萨满会带着干燥的毒蝇鹅膏菌进入蒙古包，在仪式上吞下蘑菇，而那些参与者则喝下他的尿液，以分享这种真菌的促生作用。这听起来可能令人反胃，但萨满在仪式前会禁食几天，到那时他的尿液主要由水和致幻化合物组成。这个仪式的目的是让人们在精神上走向生命之树——向着北极星生长的一棵大松树——找到当年村子里出现的所有问题的答案。仪式结束后，萨满以同样的方式离开，先是爬上蒙古包中心的桦木，然后走出烟囱。部落的人相信他会飞，也相信他可以在飞行的驯鹿的帮助下进入和离开，因为那些驯鹿也吃了这种蘑菇。

在北欧和东欧的部分地区，毒蝇鹅膏菌也被称为"乌鸦的面包"，与乌金（Huginn）和穆宁（Muninn）这两只乌鸦有关，乌金和穆宁时常陪伴在挪威神奥丁的身边。这可以追溯到中世纪的吟唱诗，在诗歌中，这种真菌被称为"穆宁的食物（Munins tugga）"或"乌鸦的食物"（verõr hrafns），用来象征尸体和雪上红色的血。据说，在冬至的狩猎过程中，这种蘑菇会生长在奥丁的坐骑斯雷普尼尔流过口水的地方。毒蝇鹅膏菌在九个月后的秋天从这个地方开始生长，然后遍布全球。

在堪察加半岛（Kamchatka），乌鸦是一种神圣的动物，是当地文化中的英雄。在科里亚克族人（Korjaken）的神话中，毒蝇鹅膏菌是从造物主吐在地球上的唾沫中生长出来的，然后被大乌鸦吃掉了。乌鸦吃掉毒蝇鹅膏菌后，意识到自己有了未卜先知的能力，就命令毒蝇鹅膏菌必须永远在地球上生长，这样人类才会相信它所言非虚。

除了所谓的未卜先知的能力，在许多历史文献中还有一种说法。传说中，维京人中有一种著名的"狂战士"，据说他们会在战斗中食用毒蝇鹅膏菌，从而变成勇猛无畏的狂怒战士，具有强悍的战斗力，因此闻名于世。当然，众所周知的还有一点，食用毒蝇鹅膏菌能抑制身体的恐惧反应和惊吓反射，这在战斗中也是非常宝贵的。

另一个被认为使用毒蝇鹅膏菌的著名神话人物是库·丘林（Cuchulainn），他是爱尔兰和苏格兰神话中著名的半人半神战士。库·丘林以能进入 riastradh 状态而闻名，riastradh 是一种"战斗痉挛"，它不仅让战士们变得疯狂、力大无穷，还能产生一种令人无法抑制住想杀死眼前所有人的欲望，使其身体和面部扭曲变形，全身发烫。所有这些都是食用毒蝇鹅膏菌之后的典型症状。最后一种症状叫作"头部着火"，是一种食用毒蝇鹅膏菌后的常见症状，热量会迅速冲进面部和大脑。在这些症状发作后，库·丘林会遭受严重的"消瘦病"，患上重度抑郁症并进入长时间的睡眠，正如爱尔兰的《阿尔斯特史诗》（*Ulster Cycle*）中一篇叙述文章《库·丘林之病》（*The Sickness of Cuchulainn*）所描述的那样。

人们还认为，毒蝇鹅膏菌可能是小红帽神话的灵感来源，小红帽是边境民间传说中的一种类似地精的恶毒生物。

据说这种生物居住在盎格鲁－苏格兰边境的废弃城堡中，尤其是那些曾经发生过谋杀或经历过战争的城堡。小红帽看起来像一个矮小而凶猛的老人，有着长长的牙齿和突出的爪子，头上戴着一顶猩红色的帽子。如果有人进入他的巢穴，他就用石头打死他们，并用他们的血来浸泡自己的帽子。人们普遍认为，小红帽经常出没于这些地区是因为边境的城堡是由皮克特人（Picts）建造的，他们用人类的血液来浸泡基石。

在康沃尔郡的南部，"小红帽"是一个更常见的术语，指的是成群结队的善良精灵，他们穿着绿色夹克，戴着猩红色的帽子，帽子上面插着白色的猫头鹰羽毛。

假羊肚菌（又名鹿花菌）：*Gyromitra esculenta*

假羊肚菌，顾名思义，就是看起来非常像可食用的羊肚菌的菌。尽管它的学名中含有 *esculenta*，意思是"美味"，不过在通常情况下，它并不是可食用的。尽管在斯堪的纳维亚、芬兰和波兰，这是一种受欢迎的美食，但在其他欧洲国家是禁止的，在出售时必须注明其正确的制作方法。在熟悉烹饪的人手中，假羊肚菌也许可以安全食用，但煮沸这种蘑菇时会导致毒素蒸发，吸入蒸汽就会患上疾病，一般人还是不要尝试。

假羊肚菌的毒素是甲基联氨（monomethyl hydrazine），会导致呕吐、头晕、腹泻，最终死亡。虽然并不是次次致命，但它被认为是造成欧洲每年近四分之一人口食入蘑菇而死亡的原因。

斑点丝盖伞: *Inocybe maculate*

斑点丝盖伞含有蝇蕈碱（muscarine），吃入和吸入都能致命。它会导致脉搏变慢、出汗、自主神经系统紊乱、协调性障碍、呼吸衰竭，最终死亡。

黄金果冻真菌: *Tremella mesenterica*

黄金果冻真菌也被称为"金耳"，是一种全球常见的真菌。虽然它可以食用且无毒（没有味道），但在瑞典，它被称为"女巫黄油"或"巨魔黄油"——据说它能被用来施咒。要诅咒一个目标，只需要把这种真菌扔到目标身上，就会给目标带来霉运。

然而，受害者也能够将咒语转回施咒者身上。只要敲打真菌，诅咒就会解除。如果是用钝器击打，诅咒者将会残疾；如果是用锋利的武器切割，诅咒者将会死亡。[1]

---

[1] Johannes Björn Gårdbäck; *Trolldom: Spells and Methods of the Norse Folk Magic Tradition*.

墨汁鬼伞: *Coprinus atramentarius*

墨汁鬼伞是一种白色的小蘑菇，成熟后会变成黑色，并开始"融化"成长长的黑色小水滴。作为北半球的一种常见真菌，它完全可以食用，除非与酒精一起摄入时，才会变得有毒，因此又被称为"酒鬼之毒"。这种效应是由蘑菇中一种叫作鬼伞素的活性化合物引起的，鬼伞素可以阻断体内的酶，这种酶通常会分解导致宿醉的酒精成分。墨汁鬼伞中毒的症状包括面部发红、恶心、呕吐、不适、躁动、心悸和四肢麻刺。虽然大多数人在几个小时内就能康复，但众所周知，这也可能会导致心脏骤停。

撒旦牛肝菌: *Rubroboletus satanas*

撒旦牛肝菌也被称为"血腥牛肝菌"，是牛肝菌群的一员，与它的近亲不同，它不能食用。关于这种真菌中毒的报道很少，因为它那令人厌恶的外观毫无疑问阻止了人们对它的食欲。矮胖的红色身躯散发着腐肉的气味，随着时间的推移，腐肉的味道会变得更浓，当被割伤或擦伤时，菌肉还会变成蓝色。人类食用这种菌类之后的症状有恶心和呕吐。

这种蘑菇可以长到 30 厘米宽，1831 年由德国真菌学家哈拉尔德·奥瑟马尔·伦茨（Harald Othmar Lenz）首次命名和记录。虽然它的名字可能与自身颜色及传说中撒旦穿的红色外套有关，但也可能是由伦茨出于怨恨而起的。伦茨声称在研究它时因为它散发出的邪恶气味而生病。[1]

猩红肉杯菌: *Sarcoscypha coccinea*

猩红肉杯菌是一种外观引人注目的真菌，在早春时节，人们可以在腐烂的树枝上发现它。它的杯体长度一般在 1 英寸以内，呈鲜红色，据说是精灵和仙女用来喝晨露的容器。这种民间信仰也表现在学名中：*sarco* 的意思是"肉"，而 *skyphos* 的意思是"饮水碗"。

虽然从道理上来讲这种真菌是可以食用的，但由于味道平淡、质地坚硬，它并不是一种受欢迎的食物。不过在历史上，它曾有过另一种妙用。奥内达（Oneida）和易洛魁地区（Iroquois area）的其他原住民部落曾使用它来止血和促进伤口愈合，也可以将其贴在新生儿的肚脐或愈合缓慢的伤口上。

毒红菇: *Russula emetica*

毒红菇也被称为"呕吐红菇"，是一种辛辣的真菌，主要生长在针叶树下。顾名思义，吃了它会导致严重的肠胃不适，

---

① Peter Marren; *Mushrooms: The Natural and Human World of British Fungi.*

这种不适可能会持续数小时，但很少致命。毒红菇中的毒素可以通过煮沸或腌制来去除，在俄罗斯和东欧是一种流行的食物。

欧白鲜（Gas Plant）: *Dictamnus albus*

林中仙女们穿着白色衣服，

可爱、美丽，唱着歌来，

轻轻地踏着青翠的草地，

直到她们来到英雄身边，坐下。

一个用草药包扎他的伤口，

另一个轻轻向他泼水，

第三个匆匆吻他的嘴，

他凝视着她——可爱地微笑着。

———赫里斯托·博特夫《哈兹·迪米塔尔》

　　欧白鲜有着浓密的叶子和高高的、粉红色的穗状花序，是一种引人注目的植物，同时还隐藏着一个常人意想不到的秘密。在娇嫩的花朵和柠檬香味的叶子下，它会产生一种容易引起火灾的挥发油，当接触火柴时，它会被火焰吞没，但不会伤及根本。

这种自燃的能力来自植物叶子上形成的异戊二烯油，这种油在低温下会蒸发，并在周围形成高度易燃的气氛。这种可燃性被认为只是油的副作用，而油是用来防止热应激的。也正是这种油产生了独特的柠檬味，揭示了它令人难以相信的近亲关系：它是芸香科的成员。

欧白鲜因为叶子的形状也被称为"瓦斯草"，据说生长在萨莫蒂瓦（Samodiva）和萨莫维拉（Samovila）喜欢的水源附近。萨莫蒂瓦和萨莫维拉是保加利亚森林里活泼的仙女，对遇到她们的人既有益也有害。她们的名字暴露了自己的本质——前缀 samo 的意思是"自我"，diva 的意思是"狂野"或"狂暴"，而 vila 的意思是"旋转"，就像龙卷风或狂风一样。这些仙女穿着白色的衣服，戴着白鲜菌叶做成的花环，据说她们会变成狼，或者骑着白鹿和白熊穿过树林。[1]

虽然她们大多时候是仁慈的，但当她们愤怒时，会表现出对火的天然亲和力，变成巨大的鸟类，投掷火焰、造成干旱，或使牛死

[1] Mihail Arnaudov; *Snapshots of Bulgarian Folklore.*

于高烧。[①]

水晶兰（Ghost Plant）: *Monotropa uniflora*

这是世界上生长得最奇怪的花，

它看上去是如此令人毛骨悚然，

以至于我们对它外表呈现出的诡异之美，

感到一种深深的愉悦和满足，

就像看到了一个完美的鬼故事。

——爱丽丝·莫尔斯·厄尔

水晶兰是一种不寻常的花，虽然它的外观引人注目，但在土壤中很容易被忽视。尽管它生长在仲夏，但一簇簇的水晶兰苍白得像一群幽灵，摸起来又冷又湿。此外，触摸它们时会产生一种黏稠的液体，人的皮肤在接触这种液体后，会瞬间变黑并伴有瘀伤，而水晶兰本身看起来也像是"融化"了。这种植物又被称为"鬼烟斗"和"尸花"，遍布北美、日本和喜马拉雅山脉。

这种花不能进行光合作用，依赖非常特殊的树木和真菌来获取营养。它的根与另一种寄生植物形成了共生关系，那是一

---

① Jan Máchal; *The Mythology of all Races. III, Celtic and Slavic Mythology.*

种依靠地面上的叶霉菌生长的真菌，能将有"幽灵植物"之称的水晶兰和附近针叶树的根连接起来，这样它们都可以从树上获取糖分。如果没有针叶树、足够的落叶层和真菌这种复杂而独特的组合，水晶兰根本无法生存。

海峡萨利希人（Coast-and Straits Salish groups，太平洋西北海岸的一个土著民族）将水晶兰这种寄生花与狼联系在一起，在当地被称为"狼的尿液"，因为这种花总是在狼出没的地方不断生长，并且有强烈的氨气气味。可能是由于它幽灵般的外观，在欧洲，水晶兰又与来世、鬼魂联系在一起。一种德国民间疗法声称，这种植物可以治愈亲人去世后的极度悲伤。

值得一提的是，在过去的十年里，这种植物从普通植物变成了濒危植物，这很可能是由于人们对它的认识逐渐增多，以及对其药用特性的讨论增加了。由于水晶兰的生存方式复杂，因此它无法在采摘或移植中存活下来，这就使它的数量大量减少。如果你遇到它，一定要记住，许多东西留在原地会更美丽。

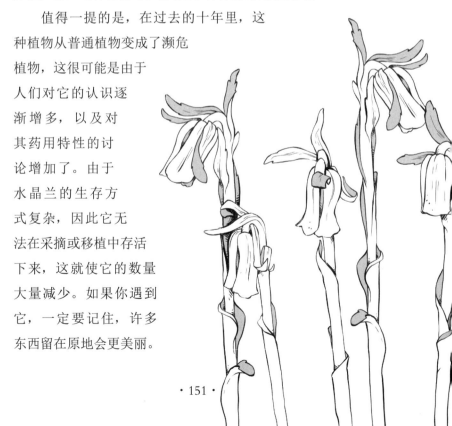

巨型猪草（Giant Hogweed）:
Heracleum mantegazzianum

我又看到了一次，在遥远的北方大陆，

不是三色堇，不是紫色和白色；

但在美丽的伪装下

这有毒的植物再次出现了，

在我看来，美丽而又致命。

男人们渴望她的亲吻和芬芳气息，

身边没有朋友告诉他们，

亲吻就是死亡，

她的真相是个谎言，

她的美貌是毁灭灵魂的咒语。

——约翰·博伊尔·奥莱利《毒花》

巨型猪草是一种高度入侵性杂草，被认为起源于欧亚大陆的高加索地区，但现在已经蔓延到了全球各地。它最初的引入是在早期植物学家的帮助下完成的，这些植物学家看上了它白色的花朵和巨大的体型（一些巨型猪草标本可以长到18英尺高），把它作为大型花园的观赏植物带回他们的国家。据记载，它是在19世纪晚期作为礼物被引入英国皇家花园的，但没过多久，这种植物就开始疯狂生长，现在不列颠群岛上已经到处是它的身影了。

巨型猪草与一些我们更熟悉、更无害的物种（如欧芹、胡萝卜和芜菁）是亲戚，也与本书中提到的其他一些更致命的"嫌疑犯"有关，如毒参、毒欧芹和水芹。

而且，像这些麻烦制造者一样，巨型猪草是一种有害植物，不仅因为它快速生长的习性，还因为与它接触会对皮肤造成严重损害。这种植物的汁液具有光毒性，可以引起水泡、烧伤甚至失明。当这种汁液与身体接触时就会使皮肤在阳光的照射下无法自我保护，产生光敏反应，即使在阴天也是如此。最初的光敏反应可能会导致皮肤发炎和灼伤，这种反应也许会持续几天，也有可能在数年后再次出现；一些患者说，烧伤在暴露后二三十年还会复发。在一些严重的情况下，这种汁液还会导致皮肤颜色发生永久改变。

在瑞士的一项针对29年以来植物中毒报告的研究中，

具有"严重"后果的巨型猪草中毒事件的数量使其成为该国第二大危险植物，仅次于颠茄。①

草 类（Grasses）

纤细的风在草地上弹琴，奏出低沉的音乐，
狂野的露珠散落在玻璃上时，像在击打红根竖琴，
精灵的声音中充满了狂欢的喜悦。
同心圆的美丽球体，
在温热的夜晚下着雨，
祈祷者戴着蝴蝶花和小小的毛地黄帽子。

——麦迪逊·朱利叶斯·卡温《死亡的觉醒》

世界上很少有地方看不见草。草地、田野、林地到处都是草，它们是如此平凡，以至于常常被人忽视，比如我们司空见惯的芦苇、竹子、甘蔗和谷类植物。但是，尽管它们提供了不胜枚举的好处，这个庞大而多样的家族中却有一些物种不那么友好。

---

① Jaspersen-Shib; *Serious plant poisonings in Switzerland 1966-1994. Case analysis from the Swiss Toxicology Information Center.*

饥饿草

在爱尔兰神话中，饥饿之草（*féar gortach*）被称为"饥饿草"或"仙女草"，是一种被诅咒的草，任何走在上面的人都会陷入永久的饥饿之中。虽然没有找到确切的故事来描述这种草是如何下诅咒的，但在一些故事中，有人认为这些草是由精灵种下的，以捕捉警惕的路人[①]；还有一些人认为，诅咒的产生是因为它靠近了一具没有忏悔且没有被救赎的尸体。[②]

通常情况下，一个人死后，他的尸体会在最终下葬前被"观察"几天。在这段时间里，亲朋好友会深情地怀念逝者，在棺材周围吃东西，确保尸体不会因为感到孤独而离开棺材。如果尸体在某个时刻是孤零零的，那么它可能会起身，四处游走，向人们索要食物和钱财，从而成为 *féar gorta*，与饥饿之草（*féar gortach*）的名字相似。那些慷慨的人们会得到好运，而那些吝啬的人们会被惩罚而变穷。人们认为，饥饿草会出现在这具尸体走过的地方，诅咒它脚下的土地。

如果你真的遇到一片饥饿草，想要安全地穿过，解决诅咒的方法其实很简单：随身携带一些食物和啤酒，以便路上食用。不管在任何情况下，这都是一个好建议，千真万确！

---

① William Carleton; *Traits and Stories of the Irish Peasantry, Volume III.*

② Steenie Harvey; *Twilight Places: Ireland's Enduring Fairy Lore.*

白茅草: *Imperata cylindrical*

白茅草原产于中国，也被称为"日本血草"，是一种入侵植物，在 18 世纪传入日本，并在 20 世纪 40 年代开始入侵美国。白茅草能长到 10 英尺高，每片草叶的边缘都像细小的石英晶体一样，锋利如刀，甚至连根都是带刺的，这样它们就可以穿透其他植物的根，争夺同一资源。

这种植群非常易燃，由于它特殊的生长密度，被点燃后火焰会更热、更亮。火焰带来的高温足以杀死与它竞争的植物甚至树木，一旦竞争消失，土地就会变得贫瘠，但它的地下根茎网络还在，嫩枝依然可以生长。

白茅草易燃，点燃后也会很快燃烧殆尽。在菲律宾，有一个俗语叫"三分钟热度"（在西班牙语中意为"燃烧的白茅草"），指的是这个人想得很美好，却没有坚持不懈的决心，拖拖拉拉甚至半途而废。

石茅: *Sorghum halepense*

石茅是一种高茎草，在美国是一种入侵植物。这对牛来说是非常危险的，牛可能会在石茅还嫩的时候吃它们，这些嫩草本身就含有足以杀死一匹马的氰化物，可以导致焦虑和抽搐，最终导致心脏骤停。

高粱属的另一成员——扫帚高粱（*Sorghum bicolor*），据说是 16 世纪意大利东北部弗留利地区女巫选择的武器。这些恶毒的女巫（被称为 *malandanti*，意为"坏行者"）确实用高粱茎与拿着茴香的 *benandanti*（意为"好行者"）战斗。这些战斗是在晚上进行的，在一个远离她们现实身体的梦幻世界里。[①] 这种梦游的形式类似于科西嘉岛的马泽里人，他们用水仙花的茎作斗争，这些概念可能起源于相同的实践。在 16 世纪的女巫审判中，"好行者"被指控为女巫，好行者这个名字变成了 *stregha* 的同义词，*stregha* 是弗里乌利亚语中女巫的原意。

茅香: *Hierochloe odorata*

茅香是一种耐寒植物，即使在北极圈也能生长。虽然每片叶子可以长到 7 英尺长，但它没有坚硬的茎，因此只能水平生长。茅香以其甜味和香味在欧洲广受欢迎，在法国被用来给糖果、烟草和饮料调味；在俄罗斯被当作茶；在德国，圣日会那天，它被散布在教堂门口。这个传统为它的学名提供了根源：*hierochloe* 在希腊语中是"圣草"的意思，而 *odorata* 则是"芳香"的意思。

在波兰，茅香被称为"野牛草"，是野牛草伏特加（一种传统的伏特加）的原料。在伏特加中加入这种草，可以增

---

① Carlo Ginzburg; *The Night Battles: Witchcraft and Agrarian Cults in the Sixteenth and Seventeenth Centuries*.

加一种独特的甜味，这种甜味是由香豆素提供的，香豆素还可以稀释血液，放松身体。尽管这种饮料如今在欧洲各地仍然可以买到，但自 1978 年以来，它在美国已被禁止。

毛蕊花（Great Mullein）: *Verbascum thapsus*

我离你太近，太清楚，

墙缝里有朵毛蕊花，

村民们要么看到一半，要么什么也看不见，

天气的一部分，像风或露。

——莉莎特·伍德沃思·里斯《一朵毛蕊花》

毛蕊花是一种高大的植物，从叶子的中心莲座丛中会长出长长的穗状花序。由于其生长速度快，种子寿命长，在许多地区已被视为杂草和有害植物。

尽管毛蕊花的生长习性让人类很苦恼，但它并非一无是处：这种花可以用来生产亮黄色和绿色染料。在古罗马时代，它被称为"烛台"或"烛光"，把它的茎晒干后浸入板油中，随后可在葬礼上将其当作火把来燃烧。并不是只有罗马人才这么干，在北欧，它被通俗地称为"树篱锥"，在 16 和 17 世纪全欧洲的女巫审判期间，这个名称变成了"女巫锥"，任何允许毛蕊花在家附近生长的人，都会引起邻居们的怀疑。

这种植物非常适用于生火：叶子和茎上的毛可以摘下来打火，茎上的丝状纤维可以制成理想的灯芯，整个开花的茎可以晒干当作火炬。这种用途使它成为抵御黑暗势力的理想武器。在欧洲和亚洲，据说它有驱除邪灵的能力；而在印度，它会被烧掉作为抵御邪灵和魔法的屏障。希腊人赋予它同样的力量。在荷马的《奥德赛》中，奥德修斯在埃埃亚岛上带着这种植物保护自己免受喀耳刻的暗算。

要小心处理这种植物，因为多毛的叶子和腐蚀性的汁液会刺激皮肤，而且整个植物含有鱼藤酮，是一种化学上与蟾蜍皮肤中的毒液有关的毒素，摄入会导致耳鸣、眩晕、口渴、窒息、舌头和喉咙肿胀、心跳减慢。在严重的情况下，心跳会减慢到导致心脏骤停的程度。

黑铁筷子（Hellebore, Black）: *Helleborus niger*

晚上提着灯笼的渔夫也不会
在女巫塔旁的水域下水
铁筷子和毒芹交织的地方
在它黑暗的拱顶周围，是一座忧郁的凉亭，
在夜晚迷人的时刻为死者的灵魂祈祷。

——托马斯·坎贝尔《自杀之墓上的台词》

这种在欧洲常见的著名野生植物与有毒的近亲毛茛属同属于毛茛目。那些第一次看到黑铁筷子的人可能会对它的粉色和绿色花朵感到惊讶，但它的名字不是由花瓣的颜色决定的，而是取决于其根部。许多古老的草本植物志把黑铁筷子和白藜芦区分开，但时至今日，我们认为白藜芦并不存在——后来它被鉴定为绿藜芦（*Veratrum viride*），是一种假冒的黑铁筷子，毒性甚至更大，但其实与真正的黑铁筷子没有任何关系。黑铁筷子也因其开花时间而通常被称为"圣诞玫瑰"，但它与玫瑰家族无关。

黑铁筷子学名的意思为"致人死亡"。由此可见，这种植物以及这个家族中的所有其他物种都有剧毒，并且有很长一段被用作杀虫剂和战争工具的历史。这种植物的所有部分都是有毒的，如果处理不当，可能会导致皮肤过敏，若是吃了，可能还会导致口腔和喉咙灼烧，引起呕吐，并破坏神经系统。即使只是闻到这种植物的味道，也会导致鼻道灼伤。有记录显示，有人吞下了一盎司浸泡过黑铁筷子根部的水，8小时内就死亡了。[1]

黑铁筷子这些特性被希腊人充分利用，他们把这种植物作为化学战的一种早期形式。根据早期希腊地理学家波萨尼亚斯（Pausanias）的记述，公元前595年，雅典军队对锡尔哈

---

[1] William Thomas Fernie; *Herbal Simples Approved for Modern Uses of Cure.*

镇发动了一次袭击，这场袭击增加了前往毕托圣殿（后来被称为德尔菲）的朝圣者的通行费。在围城期间，雅典军队封锁了为小镇供水的运河，试图迫使锡尔哈镇人投降。当这一切失败后，雅典军队的指挥官梭伦（Solon）解除了对运河的封锁，但在河水中浸泡了大捆的黑铁筷子。城内口渴的军队因为饮用了被污染的水而变得非常虚弱，以至于他们无法守住城门，最终被雅典人包围了。

这种植物在战争中被人们继续使用。许多欧洲中世纪的剑的剑刃上都有凹槽，用于装填致命的膏状物，这些膏状物就是由黑铁筷子或其他毒药如乌头制成的。爱尔兰凯尔特人将毒害归结为一种艺术：他们在刀刃上使用黑铁筷子、魔噬花和红豆杉浆果的混合物。[①] 虽然红豆杉的毒性是出了名的，但红豆杉的果肉本身无毒，人们很可能是利用它的黏性将其他植物结合在一起。

到了16世纪，虽然在冲突中黑铁筷子几乎没有被使用，但它的毒性对许多人来说仍然很有价值。作家伦纳德·马斯考尔（Leonard Mascall）在其1590年的著作《发动机和陷阱之书》（*A Booke of Engines and Traps*）中描述了如何利用黑铁筷子除掉房子里的害虫："取恶灵粉（也叫捕鼠粉）和大麦粉一起涂抹，还要抹上蜂蜜，做成糊状，或烤或煎，吃的老鼠必死。"

几个世纪以来，黑铁筷子的根茎一直被认为是治疗精神错乱的良药，但这种说法的起源和真实性尚不确定，也很难证

---

① Robert Graves; *The White Goddess*.

明，可能是起源于希腊神话中的梅兰普斯（Melampus）。据说梅兰普斯用黑铁筷子治愈了阿尔戈斯国王普罗特斯女儿们的疯癫——15 世纪和 16 世纪的药剂师（他们经常把神话和现实写得一模一样）将这个故事作为黑铁筷子可以治疗精神病的佐证，进行了又一轮传播。罗马谚语 *Naviget Anticyram* 便是源于此，意为"到安提科拉去旅行吧"，希腊的岛屿上盛产黑铁筷子，人们常常会对一个被认为失去了一切理智的人说这句话。①

与许多有毒植物一样，黑铁筷子在历史上被认为具有魔法能力，受到女巫和医生的青睐。据说，如果将它用作肥料或直接嫁接到有关植物的茎上，它就有能力改变另一种植物的性质。人们相信，通过这种技术，它的毒性可以神奇地转移到通常是良性的植物上。这些植物很适合用于制造枯萎病或稻瘟，也就是早期英语中"诅咒"的意思。在法国，它被认为有能力改变人们对周围空间的感知。民间传说中仍然流传一种说法，就是军队招募的巫师能够在敌人的眼皮底下移动，而不被敌人发现。②

医生也用黑铁筷子来治疗被认为是由巫术造成的疾病。据说它对治疗因被施加魔法导致的耳聋很有效。在 17 世纪，黑铁筷子被认为可以治愈那些被魔鬼附身的人，因此有一段时间它被称为"驱魔物"。③ 许多具有相同属性的植物，如圣约翰草在同一时期也被赋予了这个名字。

---

① William Thomas Fernie; *Herbal Simples Approved for Modern Uses of Cure.*
② Maude Grieve; *A Modern Herbal.*
③ Richard Folkard; *Plant Lore, Legends, and Lyrics.*

藜芦（Hellebore, False）: *Veratrum spp.*

在东方，当战士们经过时，白昼变得发红；
在西方，夜幕降临，
当他们望向最后的时候，
当他们最后一次看他的时候——
他，他们的同志——
他们的指挥官——
他，世人所崇拜的——
他，神一样的亚历山大！谁能挥舞他的剑？
——莱蒂西亚·伊丽莎白·兰登《亚历山大大帝的临终之床》

很长一段时间以来，在许多早期草本植物中，藜芦被称为白铁筷子，被认为是铁筷子属的真正一部分，尽管这两种植物在视觉上不相似。现在已知它们是不相关的，藜芦有自己的属，它甚至比真正的铁筷子更致命。

真正的铁筷子很少致命，而藜芦的毒素是快速而致命的。它会导致耳鸣、眩晕、昏迷和无法忍受的口渴，然后是窒息和剧烈呕吐，心跳速度减慢，最终有可能导致癫痫发作和心脏骤停。然而，这种植物中的毒素只在其活跃生长期间产生。在冬季，植物中的大多数毒素都会降解，正是在这一时期，其根部

可以被收集起来用于制药，一些美洲西部印第安民族，如黑脚部落就观察到了这种做法。在春季和夏季，黑脚部落也会在藜芦毒性最强的时候采集其根部，并将其留给那些患有其他不治之症的人，等他们想要自杀的时候用。①

一些部落的原住民对藜芦的根还有其他用途。1636年，约翰·约瑟林（John Josselyn）注意到，一些部落通过一场严酷的考验来选择他们的下一任酋长。那些竞选酋长的人会吃下这种植物的根，谁能坚持最长时间不呕吐，谁就被认为是最强壮的。②温哥华岛的萨利希人认为，藜芦的这种剧毒特性应该有更广泛的应用；在海上时，他们把它作为一种符咒，用来杀死海怪，不然的话，简直就没什么能对付海怪的了。③

---

① Alex Johnston; *Blackfoot Indian utilization of the flora of the north-western Great Plains. Economic Botany. Vol 24.*

② John Josselyn; *New-England's Rarities Discovered in Birds, Beasts, Fishes, Serpents, and Plants of That Country.*

③ Nancy Turner and Marcus Bell; *The Ethnobotany of the Coast Salish Indians of Vancouver Island.*

然而，藜芦仍然有剧毒，我们并不鼓励人们接触它。这种毒药最著名的受害者是亚历山大大帝（或据推测是这样），他在征服了当时已知的大部分文明世界后，于公元前 323 年去世，享年 32 岁。在他最终死亡前的两个星期，普鲁塔克（Plutarch）和狄奥多鲁斯（Diodorus）记录了他的健康状况，症状与藜芦中毒一样。

毒参（Hemlock）: *Conium maculatum*

有一天，他从自己的阁楼

望向他那被冷落的花园；

荨麻和毒参把每一片草坪都藏起来了，

每一朵花都被饿死了。

——托马斯·哈代《两个人》

尽管毒参在这本书里至少有三个亲戚，但实际上它是毒性相对不大的伞形科的一员。这是一种常见的易被误认的植物，从名字上看，我们不会把它与无毒铁杉树或毒水芹混淆。同时，因为它与其他伞形植物，如野生胡萝卜、欧芹和林峨参的相似外观，偶尔也会酿成悲惨的错误。

这种古老的日耳曼葬礼草药的名声无疑是由古希腊人

提振的。几个世纪以来，它是雅典国用于处决的毒药，是许多著名历史人物死亡的罪魁祸首，比如苏格拉底（他的死刑在本书开头有更详细的讨论）、特拉梅内斯（Theramenes）和福西翁（Phocion）。德国人也特别关注它，他们认为它是一种充满仇恨的植物，并声称它对其他更受人民喜爱的植物怀有特别的怨恨，比如芸香，它对这种植物的厌恶之情强烈到它不会生长在离芸香很近的地方。

一些历史记载，毒参致死的过程是暴力的，主要特征是窒息和抽搐。这里有一个很好的例子说明了为什么意识到误译或误认是有帮助的：抽搐是毒芹属的症状，而不是毒参。希腊人之所以选择真正的毒参，是因为其谨慎、缓慢的本性；毒参致死需要几个小时，而且是渐进的，多剂量都不会立即致命，可能需要在执行过程中加满剂量才能致命。这就是处决以诚实著称的雅典政治家福西翁的例子。根据一份诉讼记录，最初的毒参剂量不足以完成行刑，作为唯一有资格继续注射毒参的人，刽子手拒绝准备第二剂毒参，除非他额外得到 12 个德拉克马的报酬。

在某些情况下，自杀在古希腊帝国时期被视为高尚的行为，通常是被允许的。在爱琴海的塞阿岛（今天的科斯岛），居民们到了一定的年龄，或者觉得自己已经实现了人生的所有目标时，就会服用毒参，以免在年老时成为家人的负担。哲学家米歇尔·德·蒙田（Michel de Montaigne）的一篇文章讲述了一个这样的聚会，该聚会是在 1 世纪的罗马将军塞克斯图斯·庞培（Sexus Pompeius）的见证下举行的。

塞克斯图斯·庞培在亚洲探险时到达了尼格罗蓬特的塞阿岛：在此期间，一位优秀的女性民众讲述了她决心结束自己生命的原因，邀请庞培去送她一程，他接受了这一邀请……她以非常快乐的身心状态度过了 40 年；然后，她躺在床上，穿着比平常更好的衣服，用胳膊肘支撑着脑袋，"对我来说，"她说，"我的生活一直富足美满，可我生怕活得太久的话，我会看到人生展现出一张相反的脸，我打算就以此为幸福的结局，抛弃我的灵魂，留下我心爱的两个女儿和一大群侄子。"说完，她大胆地拿起盛着毒药的碗，向墨丘利许下誓言并祈祷带她去另一个世界的某个幸福的居所，然后大口吞下了致命的毒药。这件事完成后，她向同伴们讲述了身心感觉的进展，以及寒冷如何逐渐侵蚀着她身体的几个部位，直到最后她告诉他们寒冷开始侵蚀她的心脏和肠道，她叫女儿们做最后的祈祷，然后她闭上了眼睛。

——米歇尔·德·蒙田《随笔集》

　　塞克斯图斯·庞培的密友瓦莱里乌斯·马克西姆斯（Valerius Maximus）也有类似的描述，他提到了大约在同一时期存在于马赛的一条法律。当时，不受管制的自杀是违法的；然而，那些希望这样做的人（通常是出于不想成为年轻一代的负担的愿望）可以在参议院陈述情况，并给出他们这样做的理由。如果参议院认为这种动机是合法的，不是别人强迫的，他们就会允许此人服用由毒参制成的毒药。[①]

毒水芹（Hemlock Water Dropwort）:
Oenanthe crocata

　　人们认为这种天性会扼杀笑声，
　　但事实无疑是完全相反的，
　　因为它会引起剧烈的痉挛、抽筋、嘴巴和耳朵扭曲，
　　以至于在某些人看来，双方都是在笑中死去的，

---

① Valerius Maximus; *Book II*.

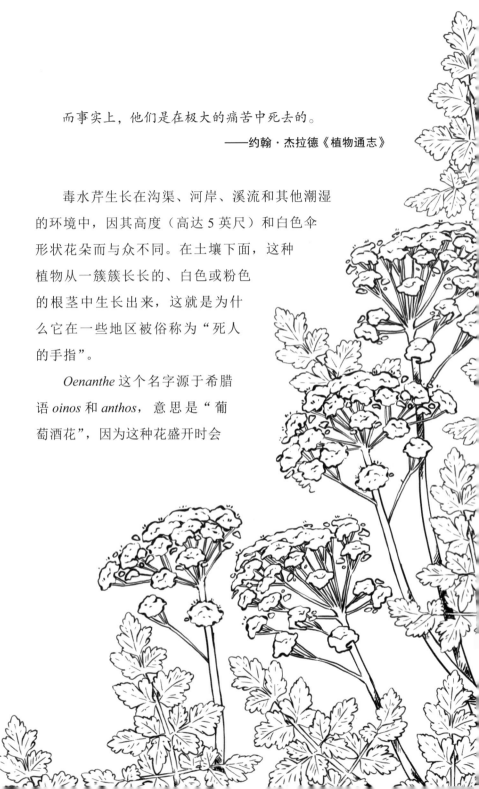

而事实上，他们是在极大的痛苦中死去的。

——约翰·杰拉德《植物通志》

毒水芹生长在沟渠、河岸、溪流和其他潮湿的环境中，因其高度（高达 5 英尺）和白色伞形状花朵而与众不同。在土壤下面，这种植物从一簇簇长长的、白色或粉色的根茎中生长出来，这就是为什么它在一些地区被俗称为"死人的手指"。

Oenanthe 这个名字源于希腊语 oinos 和 anthos，意思是"葡萄酒花"，因为这种花盛开时会散发果香味。1863 年，J. 帕利瑟上尉（Captain J Palliser）的记录（帕利瑟带领英国北美探险队进入了后来成为加拿大西部的地方）中提到了一个关于这种植物的事件。当时探险队在阿尔伯塔省彭比纳河附近的沼泽地扎营，帕利瑟的许多同伴是易洛魁族印第安人和法国殖民者的后代，他们对这两种文化的民间传说都很了解，将这种植物称为"莫罗胡萝卜（*carrot à moreau*）"。当营地在夜间被沼泽中莫名的咕哝声所困扰时，他们觉得噪声一定来自这种植物，"因为它不但有毒，而且还拥有很神奇的特性"。为了证明这些说法，许多人开始进入沼泽地寻找真相，但每当他们靠近声音的源头时，声音就停止了。追踪者们一致认为这肯定是他们认识的某种植物，会在人们靠近时停止发出声音，以便更好地隐藏自己。经过一段时间的搜寻，罪魁祸首终于被抓获了——原来是一只小青蛙在夜间活动，而它对自己所引起的骚动一无所知。

不管毒水芹是不是幽灵般喃喃自语的来源，它都是有剧毒的。它是欧洲最致命的植物之一，是其他国家本土物种的有力竞争者。由于毒水芹的茎与芹菜相似，根部与良性的、可食用的同类相似，因此这种植物对人类和动物的一系列中毒事件负责也就不足为奇了。毒水芹的一条根就足以杀死一头大母牛，比一条根还少的根须就能终结爱冒险的人类的性命。

毒水芹的茎和根含有大量的水芹毒素，可导致抽搐、癫痫发作、肾衰竭，最终导致呼吸和心脏窘迫。它还可能引起喉头麻痹，甚至变成哑巴，这种症状被称为"死舌头"。盎格鲁－爱尔兰植物学家思雷尔克德（Threkeld）指出，在 18 世纪早期，有 8 名男孩因这种症状住院，其中 5 人没撑到第二天早上就死了，自从吃了这种植物之后，他们中没有一个人再说过一句话。[①]

毒水芹也被认为是单词"讽刺"的起源，意思是"冷酷的嘲笑"。早期的罗马文献中记载了一种被称为"讽刺草"的植物，现在已被确定为水芹属的一员。摄入这种植物后引起的抽搐可以扩散到面部肌肉，导致一种被称为"痉笑"的情况，即"轻蔑的笑"。这种情况会使眼睛凸出，眉毛过度上扬，嘴唇和嘴会戏剧性地收缩，造成受害者死于大笑的面相。这种情况不仅发生在中毒（马钱子碱也会引起类似症状）的受害者身上，也会发生在破伤风患者身上。荷马在得知撒丁岛的布匿人用这种植物毒死老人或罪犯，再把他们从悬崖上扔下去后，第一个创造了"讽刺"这个词。在布匿人看来，这种植物非常适合这种仪式，因为他们认为死亡只是新生命的开始，应该用微笑来迎接。

---

① Caleb Threlkeld; *Synopsis Stirpium Hibernicarum.*

大麻（Hemp）: *Cannabis sativa*

她为这庄严的行为而战栗，

将魔法种子撒向四周，并重复三次：

"我播下种子，我的真爱是镰刀，庄稼将被收割。"

当她的身体被恐惧冻得笔直，

她看到了他的镰刀带来真爱。

接着，她寻找红豆杉的树荫，

为爱而死的人都葬在那里；

在那青翠的草地上，

月光仙子踩过许多樱草和百合花的花环，

她在下面编织她的山楂树篱，然后轻声呢喃：

"啊！愿科林能像你一样对爱情坚定不移！"

亲吻时，她苍白的嘴唇充满恐惧，

草地掩盖了他冰冷的脑袋！

——《村舍女孩》

如今，大麻的名声可疑，它的故事也相当复杂。自 6 世纪以来，人们为了使用大麻的纤维一直种植大麻。它曾是一种遍布不列颠群岛的作物——尤其是在剑桥郡和诺福克郡等沼泽地区——以至于著名的草药学家尼古拉斯·卡尔佩珀在他 1652 年出版的《草本全集》（*The Complete Herbal*）中都没有对其进行描述：他认为没有人不知道它是什么样子的。

　　大麻织物自中世纪以来就很流行，在维多利亚时代又复兴了，如今人们又开始寻找天然和可再生纤维。现在，大麻肥皂、美容产品、精油甚至膳食补充剂都很常见。直到19世纪晚期，90%的纸都是由大麻制成的，甚至《独立宣言》（*Declaration of Independence*）的早期草稿也可能是在这样的纸张上写成的。它也是维多利亚时代花园中常见的景观，被广泛种植于花园边缘的后部，为小型植物提供了快速生长的环境。事实上，大麻已经不属于史学范畴了，因为它的种植是如此广泛，至今仍在田野肆意生长。在美国，大麻生长得十分旺盛，以至于被列为入侵害草，归入沟渠杂草一类。

1557 年托马斯·塔瑟（Thomas Tusser）的《百种优良畜牧业》（*A Hundred Points of Good Husbandry*）中有一节强调了这种植物的一些常见用途。

妻子，摘下你的大麻籽，把雄大麻弄干净，

这个看起来更黄，另一个看起来更绿；

一个用来纺纱，另一个留给米歇尔，

用于鞋线、缰绳、绳索等。

大麻纤维最著名的用途之一是生产用于行刑的绳索。它与行刑密切相关，以至于这种植物成为绞刑架的象征，在英国萨默塞特被称为"颈草"或"绞刑草"。在剑桥的芬兰兹，如果一个人打破了永不背叛芬兰兹同胞的准则，他的门可能会被愤怒的邻居画上一根大麻茎和一根柳树桩的图案，上面写着："都是为你种植的。"意思是，他可以用大麻上吊，下葬时柳条会刺穿他的心脏。

死后将木桩刺入心脏是英格兰东部沼泽地区的剑桥郡和诺福克郡的特殊习俗。钉死吸血鬼是对付吸血鬼的一种著名方式，但在这些地区，这也是对杀人犯和叛徒的一种惩罚。他们会被埋在十字路口这样不神圣的地方，木桩会阻止他们不安的灵魂回来打扰生者。靠近哈里斯顿的诺福克镇有一个被称为"勒什丛林"的地区，那里有一棵柳树，据说是当地一个名叫勒什的杀人犯被木桩刺穿心脏后长出来的。虽然这棵树在 19 世纪就被砍倒了，但这一地区却成了几名罪犯的埋葬地，并成为当地鬼故事的主要发生地。

如今，大麻最广为人知的是作为一种消遣性毒品。"麻"一词主要是指专门种植的、含有微量四氢大麻酚（THC）的商业作物，这种化学物质使大麻具有致醉作用；"大麻"是指那些专门为毒品贸易而种植的大麻。然而，严格来说，它们仍然是同一种植物。

不过，这种区别是现代才有的，在历史上，用于制作织物和建筑材料的大麻同样令人陶醉。四氢大麻酚的影响也没有被忽视。大麻的使用历史悠久，至少可以追溯到 5000 年前，中国炎帝神农氏在公元前 2727 年的作品中提到了大麻。2019 年，在中国西部帕米尔山脉的吉尔赞喀勒墓地中发现了大麻的痕迹，这些坟墓至少有 2500 年的历史。这种药物是在木制火炉中被发现的，在葬礼仪式期间，这些炉子里会装满树叶和热石头，从而使烟雾弥漫。

这一用途与塞西亚人类似，希罗多德（Herodotus）在公元前 430 年记录了塞西亚人在举行葬礼之后，会在特别密封的帐篷里制造蒸汽浴来净化自己。在洗澡的时候，他们会把大麻种子扔在滚烫的石头上，产生芳香的水蒸气。

与大多数农村生活中常见且必不可少的植物一样，大麻成为各种民间故事和传统的核心。许多人把注意力集中在大麻的种植上。在英国，按照习俗，年轻女性不允许在大麻田工作，因为人们认为仅仅触摸大麻就会使她们不孕；然而在印度，《阿闼婆吠陀》（*Atharva Veda*）里说它是一种保护性草本植物，这种"千眼植物"是因陀罗创造的，具有驱除疾病和杀死所有怪物的能力。

另一种关于大麻的英国信仰引发了著名的爱情占卜仪式，从 1685 年开始，这种占卜仪式被定期记录下来，没有或很少变化。发现真爱也是这些测试中最病态的一种。这种仪式要求一个女孩在仲夏前夜去墓地，然后把一把大麻种子扔在身后。与此同时，她必须背诵：

大麻种子，我播种你，大麻种子你生长；
谁要成为我的真爱，就跟我来，告诉你。[①]

少女念完这句话后，必须从原地跑开。如果她有足够的勇气去看，她会看到她爱人的幽灵拿着一把大镰刀在追她。如果她注定终身不嫁，追随她的将是一具空棺或是一声丧钟。如果她没有设法跑过这些幻象，那么会发生什么，目前还没有记录。

中国有一个关于大麻的传说，这一传说引发了一个热门文学题材：当人类遇到仙女时会发生什么。这个故事可以追溯到公元 60 年。故事讲述了两个人在山中漫步时遇到了一座仙桥。仙桥和周边花园的主人是两位美丽的女士，女主人邀请他们过桥，去那个美妙的地方抽大麻。在与女主人度过了幸福的几天后，两个人开始想家，决定离开。然而，当他们回到家的时候，发现已经过去了七代人，他们都成了老人。他们

---

① Charles Henry Poole; *The Customs, Superstitions, and Legends of the County of Somerset.*

无法以这样衰老的身体生活在凡人的世界里，于是化为尘土消失了。

天仙子（Henbane, Black）: *Hyoscamus niger*

恶毒的酒杯立刻向睁大眼睛的人敬酒；

花朵沿着摇摇晃晃的地板滴下天仙子和地狱草；

修剪了头发的美人，像大自然的疯子一样尖叫；

长着蹄子和犄角的可憎之物，

在她的道路上翻滚，狂吠。

——乔治·梅雷迪斯《韦斯特曼森林》

这种茄科植物臭名昭著。在希腊神话和西方戏剧中，天仙子被描述为邪恶的化身，一度被认为是"一种有毒、危险的植物，外表阴郁、气味难闻"[①]。它具有淡黄绿色的花朵和紫色的纹理，黑色的中心给了它"魔鬼之眼"的绰号。天仙子的外表看起来也像它的名声一样可疑。

"henbane"这个名字听起来像一个民间名称，与"dogbane"和"wolfsbane"等植物保持一致，但它并不是指任何对鸡有毒的倾向。人们认为，"hen"最初是"死亡"一词的

---

① Richard Brook; *New Cyclopaedia of Botany and Complete Book of Herbs, 1854.*

早期词根。这个名字至少可以追溯到 1265 年，这使确定其词源变得困难，但幸运的是，这种植物有很多别称，我们可以根据别称来识别它。早期的撒克逊术语将其称为 *belene*，来自 *bhelena*，意思是"疯狂的植物"。[①] 在 8 世纪的意大利，这种植物被称为"交响曲"，同名乐器是一根小杆，通常是银的，挂着钟，形状与这种植物相似。[②]

神秘的是，天仙子还被称为"马神"，据说可以追溯到 13 世纪。然而，皮埃特罗·卡斯泰利（Pietro Castelli）在 1638 年出版的一本小册子中才真正提到了这一点。卡斯泰利在城墙附近建立了一个植物园，为墨西拿大学服务。为了宣传这个植物园，卡斯泰利出版了《墨西拿植物园》（*Hortus Messanensis*），详细描述了植物园的种植品种和医疗价值。不幸的是，这个奇怪

① Henry Solomon Wellcome; *Anglo-Saxon Leechcraft: An Historical Sketch of Early English Medicine; Lecture Memoranda.*

② Salvatore de Renzi; *Collectio Salernitana: translated by George Corner in The Rise of Medicine at Salerno in the Twelfth Century.*

名字的起源和原因从未被记录下来。

天仙子也被称为"猪豆"。法语名 *Jusquime* 和植物学名 *Hyoscamus* 都源于希腊语 *hyos* 和 *cyamus*，字面意思是"猪豆"，因为据说猪吃这种植物不会产生不良影响。

虽然猪可以不受惩罚地吃它，但不幸的是，人类更容易受到这种植物毒素的伤害。天仙子的所有部分都含有东莨菪碱和莨菪碱，会引起幻觉和不安。大剂量时，可导致抽搐、呕吐、谵妄、呼吸麻痹、昏迷和死亡。

在小剂量的情况下，天仙子是欧洲女巫常用的一种植物，用于使女巫在夜宴"飞行"时达到幻觉高度。传说，特尔斐神使也用它来帮助人们预言。1955 年，德国毒理学家威尔·埃里希·彭克特博士（Dr. Will Erich Penckert）为了更好地阐述其影响，对天仙子种子产生的烟雾进行了实验。以下是他的笔记摘录。

我走到镜子前，能分辨出自己的脸，但比平时模糊得多。我有一种感觉，我的头变大了，似乎变得更宽、更结实了……镜子本身似乎在晃动，我发现很难把我的脸放进它的镜框里。我瞳孔的黑色圆片大大地放大了，原来是蓝色的虹膜好像变黑了。尽管我的瞳孔放大了，我还是看不清楚，物体的轮廓都是模糊的。

有些动物做着扭曲的鬼脸，用惊恐的目光盯着我；到处都是可怕的石头和云雾，全都朝同一个方向扫来。我不可抗拒地被它们带走了，陷入了酩酊大醉的状态，就像被扔进了一个女巫正在疯狂搅拌的坩埚中。我头顶上流淌着暗红色的河水。天空中到处是成群的动物。流动的、无形的生物从黑暗中出现。我听到了一些话，但它们都是错误的、毫无意义的，但我又觉得，它们有着某种隐含的意义。

天仙子除了能帮助人们预言和"飞行"之外，还因其能使人发疯而备受关注。1240 年，巴特洛迈乌斯·安戈里克斯所著的《物之属性》（*De Proprietatibus Rerum*）中写道："这种草药叫作发疯木，因为使用它是危险的，人一旦吃了它，就会变得粗鲁。"这种草药通常被称为"Morilindi"，因为它能影响人们正确的判断，带走人们的理智。*woodness* 源自古英语单词 *wod*，意思是"疯狂"或"愤怒"，而 *wod* 来自 *woden*，现在更常被称为"奥丁"——一个以愤怒而闻名的神。这种植物的另一个名称是 *alterculum*，为罗马人所使用，因为人们吃了它之后会变得愤怒和爱争吵。

尽管大剂量的天仙子很危险，但它并不一定是致命的。事实上，在它的不可预测性被更可靠的替代品取代之前，早期的医疗从业人员就把它当作麻醉剂。杰拉德在他的《植物通志》（*Great Herball*）中写道："天仙子的叶子、种子和果汁，当内服时，会引起不安的睡眠，就像醉酒后的睡眠一样，持续时间长，对病人来说是致命的。"

更多可疑的人物也利用了这种植物的催眠特性。在 14 世纪，法国旅行者和朝圣者在他们的饮料或食物中掺入了碾碎的天仙子、毒麦、罂粟和泻根种子的混合物，这就很危险——一旦他们睡着了，他们就会任凭小偷摆布，因为小偷一直盯着他们的财物。[①]

天仙子令人陶醉的特性也使它成为一种受欢迎的廉价啤酒添加剂。就像毒麦酒一样，天仙子的汁液会被加入冲淡的啤酒中，以产生醉人的感觉，但价格只是天仙子汁液售价的零头。然而，1516 年巴伐利亚颁布《纯净法》（*Bavarian Purity Law*），明确规定只允许用四种成分来酿造啤酒：大麦、啤酒花、麦芽和酵母，于是这种做法就结束了。

由于天仙子有毒，它与欧洲各地的葬礼仪式有着错综复杂的关系。普鲁塔克写过希腊的坟墓是如何装饰着天仙子的花冠的，据说死者通过冥河进入冥界时会戴着这些花冠。当他们这样做的时候，这种植物会让他们忘记他们所爱的人和他们生前的生活，这样他们就不会有回来的欲望。这个传统不仅仅希腊有；在苏格兰新石器时代的墓葬中也发现了天仙子的痕迹，人们便猜测这种植物可能被用来帮助引导灵魂前进。

13 世纪早期的主教阿尔伯塔斯·马格努斯（Albertus Magnus）怀疑，天仙子赋予了亡灵巫师控制死者的力量，并声称焚烧它可以唤醒不安的灵魂和恶魔。它也有驱除邪恶的力量。意大利的仲夏节会将它焚烧来熏蒸马厩，使邪恶远离马和牛。

---

① John Arderne; *Treatises of Fistula in Ano.*

绣球花（Hydrangea）: *Hydrangea spp.*

这些叶子就像油漆罐里最后的绿色，

干枯、沉闷、粗糙，在花伞形花序后面，

蓝色不是它们自己的，只是从远处反射出来的。

在他们的镜子里，它模糊而泪痕斑斑，

仿佛他们内心深处希望失去它；

与蓝色信纸一样，信纸上也有黄色、紫色和灰色。

——赖内·马利亚·里尔克《蓝色绣球花》

绣球花是一种很受欢迎的花园灌木，以其变色特性而闻名：根据它们生长的土壤酸度可以开出蓝色或粉色的大花冠，甚至（在一些巧妙的园艺中）可以同时展示这两种颜色。富含铝的酸性土壤会开出蓝色的花朵，而富含石灰的土壤会开出粉色花朵。花朵变化的"魔力"据说是精灵们送的礼物，他们根据自己的奇思妙想来改变花朵的颜色；蓝色据说是最幸运的，而粉色则预示着厄运的到来。

尽管它很受欢迎，但这种植物实际上含有少量的氰化物，如果剂量足够大，会恶心、呕吐和出汗。幸运的是，它的氰化物含量不足以对大多数园丁构成威胁。

在维多利亚时代的花语中，它代表"无情"。据说，在门口种上绣球花会让你的女儿永远不能结婚，维多利亚时代的男人会给拒绝他们的女人送一束绣球花，也许是希望给她们下同样的诅咒。

洋常春藤（Ivy）：*Hedera helix*

常春藤话语温柔，

面对一切喧嚣，她是无上的福气；

到达这里的人会很好。

来吧，日冕。

常春藤，黑浆果，

上帝赐予我们所有的幸福。

因为我们什么都不缺，

来吧，日冕。

——中世纪颂歌，1430 年，基督献给他最精致的水坝的甜美之歌

洋常春藤或许是欧洲的典型植物。作为一名技术娴熟、意志坚定的攀爬者，洋常春藤可以在任何粗糙的表面上攀爬，这将有助于它到达一个阳光充足的地方。在某些地区，很难找到一堵墙、一棵树或栅栏不受这种藤蔓的重压。尽管洋常春藤让

人想起圣诞节、墓地和古老的林地，但它却对自己生长的寄主带来了伤害，它用来攀爬的小根会让树木窒息，还会撑碎砖块和石头。具有讽刺意味的是，对于旧建筑来说，它可能是唯一能把砖块连在一起的东西。它还是维护小型野生动物健康环境最重要的植物之一，能保护鸟类和濒危蝙蝠物种，并为数千种昆虫和蛾类提供食物。

虽然洋常春藤原产于北欧和南亚的一些地区，但它是由英国殖民者引入北美和澳大利亚的，在许多国家仍被称为"英国常春藤"。在英格兰，它也被称为"宾伍德"（字面意思为"捆住树木"）和"洛夫斯通"（字面意思为"爱石头"），因为它贪婪地攀爬并吞没任何阻挡它的东西。

洋常春藤的主要目标是吸收尽可能多的阳光，所以它生长在开阔的地方，尤其常见于有大量温暖表面支撑的开阔地方。因此，它长势最好的地方之一是墓地和古老的墓碑旁，这营造了一种与死亡和死亡率的联系，而这种联系一直延续到今天。在英国，有一种古老的信仰认为，如果坟墓上没有洋常春藤，就意味着灵魂不安分；但是，如果坟墓属于一位年轻女子，并且上面有大量这种植物，那就表明她肯定死于心碎。

爱情、死亡和洋常春藤之间的联系在中世纪的特里斯坦和伊索尔德的传说中得到了最好的诠释。有一对恋人生前无法在一起，死后分别下葬，洋常春藤就在两座坟墓之间生长，确保它们永远相连。无论人们如何修剪或除去藤蔓，它们总会重新生长在一起。

和大多数与死亡有关的植物一样，洋常春藤也具有很强的

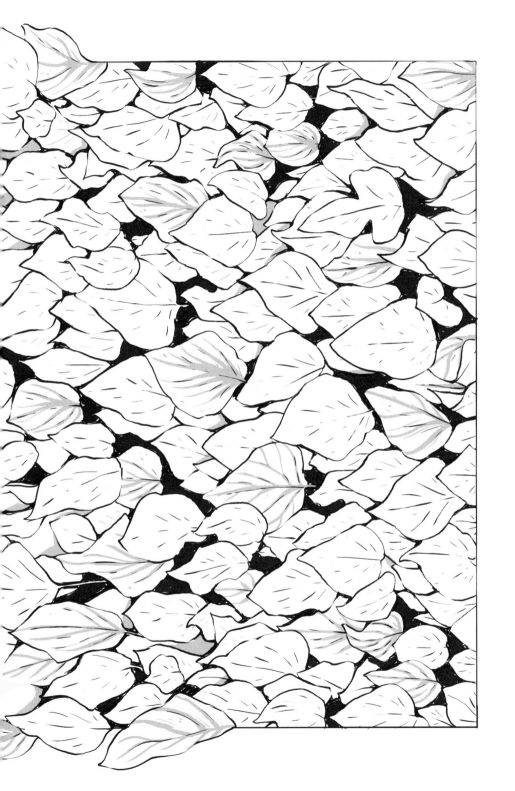

迷信色彩，人们认为把洋常春藤带进房子是不吉利的。这种迷信始于英国，并在美国的亚拉巴马州和马萨诸塞州流传了很久。在缅因州附近，把洋常春藤带进一户人家的行为被认为是诅咒房主永远贫穷。然而，一年中有一个时期，人们会把洋常春藤带进家里，那就是圣诞节，只要在圣烛节（2月2日）之前再把它拿掉就行。因为房子外面的土地很冷，甚至对灵魂和精灵来说也不适合居住，所以把洋常春藤带进屋内是对那些流离失所的生物的邀请，让它们在温暖的环境中避难。因为它们在12月这样的神圣月份无法对人类造成伤害（毫无疑问，这是基督教会在礼拜日历中吸收了许多早期民间传说后所做的补充），所以这是提供庇护和赢得它们好感的安全时间。

这种长期盛行的迷信也出现在了芬兰，在那里，对森林精灵的偏爱在许多古老的民间故事中都有体现。在世界各地的神话中，森林的魅力是毋庸置疑的。在芬兰，洋常春藤被称为"森林覆盖"（metsänpeitto），被用来描述人或家畜不明原因的失踪。

森林覆盖了芬兰大约78％的土地，许多古老的芬兰谚语把森林比作教堂，认为那是一个神圣的地方，不可被低估或虐待。人们认为，森林在被喊叫时会作出回应，回答与人们对它的喊叫相同。那些不善待森林的人或者在不该去的地方游荡的人，有被"森林覆盖"的危险。就像英伦群岛的精灵会偷走那些踏进蘑菇圈或精灵山的人一样，这片森林充满了被称为"马利宁"的淘气生物，这些小地精会偷走那些粗心大意的人。在那些声称自己是"森林覆盖"受害者的记录里，描述了他们当时的状况：无法识别自己本来十分熟悉的地方，或者周围的人看不见他们，又或者是无法移动或说话。我们所掌握的发生这种现象的大多数记录，均说森林当时处于一种死亡般的寂静中。

"森林覆盖"的描述和概念与日本的 *kamikakushi*（字面意思是"被鬼魂隐藏"或"被鬼魂带走"）的概念相似。在这两个概念中，逃避的方法都是做一些让灵魂困惑的事情，比如往脚印里倒水、把衣服穿反了、把鞋子穿错了脚，或者携带具有保护性的植物，比如洋常春藤。

洋常春藤或许可以保护那些在森林中消失的人，但它仍然是一种有毒植物。英国常春藤的叶子和浆果中含有常春藤皂苷（a-hederin），这是一种糖苷，可引起呕吐、抽搐和肌肉无力。

这些叶子也会产生一种与阿托品相似的麻醉效果，尽管阿托品有毒，但它不太可能被用于酒类。在英国牛津，大学生中仍然存在一个有趣的传统。每年的耶稣升天节（复活节后第40天）上午11点，一条连接两所大学的小隧道——布雷齐诺斯学院及其邻近的林肯学院之间的隧道——被解锁，布雷齐诺斯学院的学生被允许进入林肯酒吧，免费喝一瓶掺有洋常春藤叶子的啤酒。这一传统源于一个典型的都市传说，该传说的名字和产生的日期已经无法确定，除了叙事上的一些变化，每个向你讲述它的人都绝对肯定他们的版本是真实的。我们掌握到的最好线索是，早在18世纪，"常春藤啤酒"的传统就出现在了一些记录中。

据推测，在某个时间点，一名布雷齐诺斯学院的学生被一群愤怒的暴徒追赶。一些版本声称暴徒是一群当地的市民——牛津大学的学生因与之对抗而臭名昭著；而另一些版本则说追捕者是竞争对手贝利奥尔学院的学生。不管这个不幸的学生是为了躲避谁，他找到了去林肯学院的路，并请求学院允许他进去。当学院拒绝时，他被暴徒抓住并杀害了。在随后的几年里，为了对这件事表示歉意，林肯允许布雷齐诺斯学院的学生每年进入一次，免费为他们提供啤酒。然而，这个办法的成本很快就开始增加了（啤酒供不应求，每年他们的补给品都被喝得一干二净），所以林肯学院开始往啤酒里添加洋常春藤叶子，希望苦味和胃痛会阻止布雷齐诺斯学院的学生过量饮酒。据推测，这种方法并没有像预期的那样起作用，从这一传统延续至今就可以看出这一点。

但是，在酒精中加入洋常春藤的历史比大学生和愤怒的暴徒还要久远，可以追溯到古希腊时期。洋常春藤是古希腊酒神和农业之神狄俄尼索斯的圣物。酒神狄俄尼索斯也被称为"酒神巴克斯"（Bacchus），他的女性追随者被称为"女祭司"（又称"狂言者"），她们会通过喝酒和嚼洋常春藤的叶子来赞美自己的神，从而陷入一种疯狂状态。她们会穿着蛇皮和狐皮在乡间横冲直撞，攻击动物和人类，赤手空拳地将其撕碎。正是这个邪教中一个特别嗜血的教派引发了对此类狂欢活动的镇压，并于公元前184年开始了一场"狩猎"，导致近2000名女性因洋常春藤中毒而被审判和处决。

据说，酒神巴克斯本人在襁褓中就被遗弃在一棵洋常春藤下，后来这棵洋常春藤以他的名字命名。

他戴着一顶由伞花、洋常春藤浆果组成的王冠，而他的追随者则戴着洋常春藤叶子编成的花环，并在自己的身体上纹上同样的图案。[①] 洋常春藤花环与酒精和饮酒联系在一起，任何提供啤酒或葡萄酒的酒吧都会在门外悬挂一根缠绕着洋常春藤的杆子，以宣传里面可以买到酒。一个古老的习语"酒香客自来"就来自这种做法，意思是任何有好酒声誉的地方都不需要做广告。

---

① Walter Otto; *Dionysus: Myth and Cult.*

铃兰（Lily of the Valley）: *Convallaria majalis*

花的芬芳随着风儿飘荡，
花的颜色混合在植物旗帜上，
还有香味和姿态，山谷里甜美的铃兰，
它的美丽能与你相比吗？
但我会把你从那低低的床上抱起，
你的花朵在阴影中绽放，
清晨的宝石！环绕着奥雷莉亚的头颅
将用感恩的祭品缠绕成你的花环。

——G.G.理查森《一篮百合花》

铃兰是一种非常受欢迎的园林植物，因其甜美的气味和细小的白色钟形花朵而受到许多人的珍视，这些花朵在春天最先出现。在维多利亚时代的花语中，它代表着和平、幸福和和谐，是基督教会献给圣母玛利亚的，法国人称之为"圣母的眼泪"。

据说，当它种植在黄精（又被称为"所罗门王的印章"）附近时生长得最好。这种植物被认为是铃兰的丈夫。这种信仰可能源于所罗门的《雅歌》（*Song of Songs*）中提到的铃兰，而《雅歌》则是《旧约圣经》的一卷。

> 她：
> 我是沙仑的玫瑰花，
> 是谷中的百合花。
> 他：
> 我的佳偶在女子中，
> 好像百合花在荆棘内。

虽然铃兰外表美丽、天真，但这种植物的所有部分都有毒，尤其是花期过后生长的红色浆果，即使摄入少量，也会导致呕吐、心率减慢、视力模糊和腹痛。

尽管它有毒，但它仍继续出现在民间医学和历史文献中，并被提及其应有的药用价值。早期的伪科学"形象学说"声称这种植物可以治愈身体某些部位的疾病，比如铃兰的心形种子在俄罗斯被用来治疗心脏病，尽管没有证据证实它们的有效性。植物学家约翰·杰拉德甚至声称，这种植物"毫无疑问可以增强大脑功能，修复脆弱的记忆"。在 17 世纪，他的《植物通志》已成为植物及其用途的百科全书。然而，他除了以植物学闻名，还以编造大量内容而闻名，但没有证据表明他的作品在这方面有很大的参考价值。

铃兰在医学领域被证明的唯一价值是对抗中风和神经紊乱。*Aura Aurea*，也称"黄金水"，就是从这种植物中蒸馏出来的，据说对中风（当时被称为中风病）非常有效，价值极高，因此被保存在金银器皿中。在第一次和第二次世界大战中，它也被当作毒气的解毒剂，因为它有减缓心脏跳动的能力。现在有很多更安全的替代品，所以在现代，铃兰逐渐失去了药用价值。

　　铃兰精致的外观与它作为毒药的双重性质相映衬，使它成为欧洲民间传说中最受欢迎的植物。和其他白花植物，如雪花莲和白丁香一样，它被认为是死亡或厄运的预

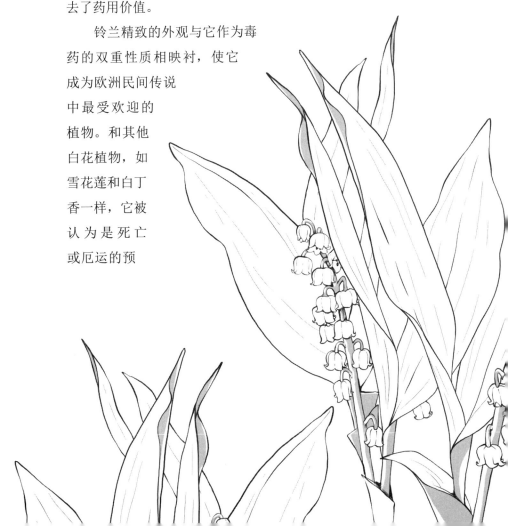

兆。在英国的德文郡，人们认为种植这种花的人在一年内就会死亡；而在萨默塞特郡，如果把这种花带进家里，就会带来死亡，尤其是住在那里的年轻女孩。当地有一个名为《一篮百合花》的民间故事，讲的是一个女人非常喜欢铃兰，她让女儿出去摘铃兰带回家，每个人都警告她有危险，但她不听，以至于女儿最终生病死了。

还有两个传说讲述了铃兰是如何形成的，以及为什么它会在一年中的特定时间开花。在英国的苏塞克斯，有一个传说讲述了圣伦纳德人与扰乱这个地区的恶龙之间的一系列战斗。每一场战斗都把恶龙逼得越来越远，最后恶龙消失在了森林里。每年战斗的地点都会被大量的铃兰所覆盖，铃兰就生长在圣伦纳德人民流过鲜血的地方。

另一个传说则有点儿苦乐参半。故事讲述的是铃兰原本一年四季都开满花朵，直到它爱上了一只夜莺，夜莺日复一日地在树林里唱着动听的歌。但是不管铃兰多么憔悴，它都羞于表达它的爱。冬天到来后，夜莺离开了树林和铃兰。铃兰因为心碎而不再开花，只有每年5月夜莺回来时铃兰才会再次开花。

毒番石榴（Manchineel）: *Hippomane mancinella*

他们说，你温柔的香水给人致命的幸福，

一瞬间，它把人带到了天堂，

然后进入无止境的沉睡。

——贾科莫·梅耶贝尔《非洲人》

　　毒番石榴又名"马疯木"，原产于佛罗里达州，2011 年被吉尼斯世界纪录评为世界上最危险的树。大多数危险来自它看起来似乎人畜无害的外表；在外行人看来，它不过是一种果树，挂满了清甜的苹果。

　　由于毒番石榴有时候长在海岸边，因此它还有一个名字："海滩苹果树"，树上结的果子叫"海滩苹果"。不过，尽管这些海滩苹果的汁液甜美宜人，味道与李子相似，但会导致喉咙肿胀，阻塞呼吸，甚至死亡［这是放射学家尼古拉·斯特里克兰（Nicola Strickland）的说法］，她在吃了一个苹果后写下了

自己的经历。约翰·扎
恩（Johann Zahn）这样描述它们。

伊斯帕尼奥拉岛有一棵苹果树，树
上结着一种很香的苹果，如果被人尝了，这
个人就会受到伤害和致命的危险。如果有人在树荫下停留一
段时间，他就会失去理智和视力，即使长眠也无法治愈。

毒番石榴的学名 *mancinella* 指的就是这些水果——来自
西班牙的 *manzanilla*，意思是"小苹果"；但在西班牙，征服
者给它取了另一个名字 *arbol de la muerte*，即"死亡之树"。
毒番石榴很少真的杀死人（即使有也往往是意外），却能给征
服者带来巨大的痛苦，所以他们稍微夸张一点是可以原谅的。
这种树是大戟科的成员，该科成员具有腐蚀性的乳状汁液，
可以造成烧伤和皮肤损伤。在毒番石榴中，这种汁液通常是
被浓缩的，人的皮肤从树上擦过就会起水泡；下雨时，人接触
从树叶和树枝上滴下来的水也会导致失明，甚至会刮掉停在
树下的汽车的油漆。

据传，这种树杀死了著名探险家胡安·庞塞·德莱昂
（Juan Ponce de Leon）。德莱昂于 1521 年第二次前往佛罗里达，
生活在佛罗里达州西南部的土著部落卡卢萨人对德莱昂和他的

手下进行了多次袭击。他们把箭头浸泡在毒番石榴的乳状汁液里，把抓获的敌人绑在毒番石榴的树干上，把树叶和树皮投进井里，井水也变得有毒。西班牙人对这种树的黑暗力量非常恐惧，以至于他们在探险报告中声称，哪怕是坐在或从这棵树下走过，都会失明或死亡。[①]

曼德拉草（Mandrake）:
Mandragora officinalis and M. autumnalis

幽灵的形状——啊，别碰它们——
少女的视线，
潜伏在多肉曼德拉草茎中，
晚上拔毛时会尖叫。

——托马斯·摩尔《无标题》

讨论植物的神奇、毒性或历史属性时，在所有常见的可疑物种中，曼德拉草是最可能被提及的。这种草因为它的分叉和像人一样的根部及独特的尖叫而闻名，长期以来被视为一种强大的毒药和镇静剂。几个世纪以来，与曼德拉草有关的无数离

---

① Paul Standley and Julian Steyermark; *Flora of Guatemala.*

奇故事和神奇能力激发了人们的想象力。

作为茄科植物的一员，曼德拉草与天仙子、颠茄和曼陀罗属植物同为茄科植物，它最早的学名是 *Atropa mandragora*，以希腊的命运女神阿特罗波斯命名。希腊人称它为 Circeium，以掌管巫术和有毒草药的女神 Girce 的名字命名。如今，这种植物被称为"毒茄参"（*Mandragora officinalis*）。*Mandragora* 是以一种拥有深色皮肤且淘气的生物命名的（意思是"人龙"），人们认为该生物附身在毒茄参上。许多具有药用特性的植物都有一个特殊的称谓 *officinalis*，这是中世纪拉丁语，用来表示草药。它的字面意思是"属于一间办公室"，这是修道院用来存放药物的一间储藏室。

历史上，在没有曼德拉草的国家，有一些相似的植物容易与之混淆，通常表现在根的大小或形状上。在不列颠群岛，比如泻根（黑色和白色的）、斑点疆南星和露珠草等植物在当地也被称为"曼德拉草"，并在许多故事中容易与真的曼德拉草混为一谈。

所有种类的曼德拉草都含有托烷生物碱，这些生物碱可引起致幻剂效应，损害神经系统，导致头晕、呕吐和心率加快。此外，其树根还具有麻醉性，正是因为如此，曼德拉草在早期被当作麻醉剂，也称为"颠茄"。把干燥的海绵浸泡在麻醉植物（如天仙子、毒芹和曼德拉草）的汁液里，然后重新加热雾化，让病人吸入雾气，便会使他们失去意识。

除医疗领域，曼德拉草的催眠作用已不止一次用于战争。在罗马最高统帅部流传的故事中，有一个是关于伟大的汉尼拔（Hannibal）将军的，或者在某些版本中，主角变成了军官玛哈尔巴尔（Maharbal）。他在平息迦太基附近的非洲叛乱时利用了曼德拉草的根。汉尼拔知道，如果假装撤退，叛军就会入侵营地，于是他把曼德拉草的根放在自己军队的葡萄酒里，然后假装匆忙地放弃了营地。叛军进入营地后以为已经胜利了，便开始喝酒庆祝，哪知此时汉尼拔和他的部队杀了个回马枪，叛军们因为喝了下了药的酒，失去了抵抗力，大多都被屠杀或逮捕了。[1]另一个故事的情节和这个故事非常相似，涉及凯撒大帝

---

① Sextus Julius Frontinus; *The Stratagems*.

和一群将他俘虏的西里西亚海盗。

也有记录表明曼德拉草的根被用于辅助睡眠。一份 12 世纪的手稿记载了将曼德拉草的根磨成粉末与蛋白混合，并将其涂抹在额头上以改善睡眠的做法。[①] 这种方法可能一直延续到莎士比亚时代，比如在《安东尼与克莉奥佩特拉》中，女王要求她的女仆在安东尼不在时提供曼德拉草来帮助她入睡。

尽管曼德拉草在历史上有着广泛的用途，但它最经久不衰的故事更为荒诞。不可否认，这是一种奇怪的植物，它一直是许多当代作家写作的主题，在他们之前很久，曼德拉草所在之处便是迷信盛行之处。无数草药书籍会告诉你，这是一种类似魔鬼的植物，它会在绞刑架下和十字路口猖獗生长，因为那里是埋葬杀人犯、自杀者和被绞死的女巫的地方。有些人甚至说曼德拉草的根部会一直延伸到哈迪斯的冥界，如果你试图拔起它，一不小心就可能会摔倒在那里。

当然，曼德拉草最为人所知的便是它的根长得像人。它们天生就喜欢分裂和分叉，尤其是在它们喜欢的石质土壤中。当这种植物被连根拔起时（需要一定程度的想象力），它们可能看起来就是小而扭曲的人形动物。在狄奥斯库里德斯（Dioscurides）的早期作品中，他详细讲述了雄性曼德拉草和雌性曼德拉草。不过我们现在知道，他所说的其实是两个不同的

---

① Pietro de Crescenzi; *Ruralia Commoda.*

物种，即毒茄参和秋茄参，这些早期的错误信息对曼德拉草这种人形植物的传播起到了推波助澜的作用。

在整个欧洲和中东都有关于这些小小的人形植物中蕴含力量的故事。把曼德拉草全部或部分的根茎做成护身符，然后用棉花包裹起来，随身携带可以带来好运，因为购买根茎的人就等于签订了契约，根茎的灵魂将与拥有者绑定，直到他们去世。因此，护身符永远不能被送给别人；如果主人要转让，只能出售它，不能作为礼物，而且价格要低于最初购买的价格。[①]

其他人则认为，不仅仅是曼德拉草根的人形形状让它变得很特别：根本身就是一个小人；还因为曼德拉草身上具有一种恶魔般的灵魂，可以揭露秘密，消灭敌人，把别人给它的钱翻倍，但有一个警告：如果你过度使用它，就会死亡。[②]法国也有类似的信仰，认为曼德拉草生长在槲寄生环绕的橡树脚下，其根在地下的深度与槲寄生在树上的高度一样。发现它的人必须每天给它喂肉或面包，如果他停止这项工作，曼德拉草就会杀了他。不过，他的服务也是有回报的，无论付出什么，第二天他都会得到双倍的返还。

曼德拉草的一个有趣的变种是由 18 世纪的作家斯特凡尼·法利西特（Stéphanie Félicité）记录的，她更广为人知的名字是德·根利斯夫人（Madame de Genlis）。她说曼德拉是一

---

① Charles Skinner; *Myths and Legends of Flowers, Trees, Fruits and Plants.*
② James Frazer; *Jacob and the Mandrakes.*

个精灵，它会以特定的方式从一个蛋中孵化出来，看起来像一个半鸡半人的小怪物。对这种生物必须保密，并用甘松植物的种子来喂养它，它每天都会提供一个关于未来的预言作为回报。

另一个关于曼德拉草根的传说是，当它的根被挖出来时，它会发出可怕的尖叫。据说，那尖叫声无比尖锐，以至于挖出它的人会立即丧命，这是一个在历史草药、戏剧和现代文学中反复出现的故事。对于那些决心把这种植物挖出来的人来说，避免死亡的常见方法是用绳子绑住它，然后把绳子的另一端拴在狗身上。这个方法是希望，既然这件事是狗而不是觅食的人干的，那么死亡就应该降临在狗身上。

事实是，像大多数块茎植物一样，曼德拉草的根从地上被拔出时确实会发出轻微的吱吱声，但并没有任何人被曼德拉草的尖叫声杀死的真实报道。它会发出致命的尖叫声的传闻很可能是由那些真正需要这种植物的人散播的。曼德拉草至少需要两三年才能完全成熟，然后才有药用价值。毫无疑问，未经许可的采收者肯定会编造关于死亡的恐怖故事，至少保护一些幼小的曼德拉草不受贪婪的拾荒者的伤害。

另一个同样听上去牵强附会、可能有事实依据的故事是相信曼德拉草会在夜间发光，这个说法很普遍，以至于曼德拉草在阿拉伯语和英语手稿中被称为"魔鬼的蜡烛"。托马斯·摩尔（Thomas Moore）在《拉拉罗克》（*Lalla Rookh*）中这样描述。

如此疯长和致命光泽，

就像点燃的地狱之火，

这就是夜晚时阴森恐怖的曼德拉草叶子。

　　最早提出这一说法的是1世纪历史学家弗拉维乌斯·约瑟夫（Flavius Josephus），他描述了一种生长在约旦马查鲁斯城堡中的植物。据说它的叶子呈现火焰的颜色，像闪电一样会发光，有人靠近它时，光芒就会消失。不到一百年后，罗马作家埃利安（Aelian）描述了一种神奇的、色彩鲜艳的草本植物，其特性类似于夜光草，因为它在夜间像星星一样闪闪发光。这是已知的两个关于在黑暗中发光的植物的参考文献，而且据说这些植物都是指曼德拉草。这种神奇植物的许多属性都是相应排列的，曼德拉叶片对萤火虫也有特别的吸引力，这很好地解释了光芒的神秘消失。

枫树（Maple Tree）: *Acer spp.*

当她绯红的叶子无声地垂下，

像生命的鲜血从勇敢高大的战士身上流出，

它们会告诉我们，

她的孩子们的鲜血将如何迅速而自由地流在我们信仰和自由的土地上，

回响着敌人的脚步。

——亨利·福克纳·达内尔《枫树》

枫树以加拿大国旗和每年生产 9000 万千克糖浆而闻名全球。尽管它在很大程度上是加拿大最著名的出口产品的代名词，但其实枫树大多原产于亚洲，遍布欧洲、北非和北美。几乎所有枫树都会变成鲜艳的红色，这是该物种的特点。在日本和韩国，它们分别被称为"红叶狩"和"赏枫叶"，这些名字源于人们对观赏枫叶变色活动的喜爱。

"槭属植物"的英文名 Acer 的意思是"锋利的"，指的是星形叶子整齐的尖角。枫木的坚硬易成型，也使它成为许多北美部落中制造标枪和长矛的理想木材。阿尔冈琴部落特别喜欢这种树，正是通过他们，加拿大的定居者们学会了如何制作枫糖和枫糖浆，阿尔冈琴人几个世纪以来一直在完善这门艺术。枫树汁被认为是造物主或该地区各种神话中英雄人物的礼物，阿尔冈琴的许多传统都围绕着枫树和收集糖的艺术展开。

在古希腊，枫叶与其他树木的区别在于其鲜艳的红色。在恫吓之神福波斯和恐惧之神得摩斯的恐吓下，人们与女战神厄倪俄及不和女神厄里斯并肩作战。福波斯和得摩斯的崇拜者以他们的名义制造了许多流血事件，因为据说他们喜欢鲜血，渴望死亡，以至于崇拜者们用那些以他们的名义被杀的人的头骨

建造了一座神庙。

　　另一个关于枫树的传说讲述了一个年轻女子死后是如何变成枫树的。这个故事来自历史上的摩尔达维亚地区，现在是罗马尼亚和乌克兰，那里的本土物种就是红枫。

　　故事讲述了一位庄园主的小女儿在听到一个年轻的牧羊人吹笛子后爱上了他。春天来了，庄园主派他的三个女儿去摘草莓，并承诺，谁先带着满满一篮水果回来，谁就能继承他的土地。最小的女儿是第一个完成这项任务的，她的姐姐们不愿意失去土地继承权，于是谋杀了妹妹，并将她的尸体埋在了一棵枫树下。

　　两个女儿回到家里告诉她们的父亲，最小的妹妹被一只麋鹿咬死了。庄园主和牧羊人都很悲伤，无论牧羊人怎么吹他心

爱的笛子，笛子都无法发出声音。到了第三天，悲痛的牧羊人注意到田野里的枫树根部长出了一棵新的树苗。他把树苗剪下来，用它制作了一支新笛子，但当他把嘴唇放在笛子上的那一刻，它就开始唱歌了："吹奏吧，亲爱的！我是庄园主的小女儿，我是一棵枫树，现在我只是一支木笛。"

牧羊人对这一发现非常惊讶，便跑到庄园主面前，告诉他发生了什么事。庄园主把笛子放到自己的嘴边，笛子开始歌唱："吹奏吧，父亲！我是您的女儿，我是一棵枫树，现在我只是一支木笛。"

庄园主确信自己一定是听错了笛子的声音，于是他把另外两个女儿叫了进来，要求她们也试一试。就在她们这样做的时候，笛子唱道："吹奏吧，杀人犯！我是庄园主的小女儿，我是一棵枫树，现在我只是一支木笛。"

庄园主意识到一定发生了什么，于是把女儿们放逐到黑海的一个荒岛上度过余生。牧羊人回到了他的田地，只有在吹奏长笛的时候才能听到他爱人的声音。

白果槲寄生（Mistletoe）: *Viscum album*

如果她是槲寄生

而我是玫瑰——

在你的桌子上多快乐啊

我天鹅绒般的生命即将结束——

因为我是德鲁伊的信徒，

而她是露珠的化身——

我来装饰传统的纽扣孔——

然后把玫瑰送给你。

——艾米莉·狄金森《如果她是槲寄生》

　　欧洲的槲寄生与魔法、德鲁伊教、圣诞季和圣诞节的故事有着内在的联系。槲寄生与冬季假期的关系完全可以追溯到德鲁伊教的影响：与所有常青植物一样，槲寄生与永生和在死亡中生存的想法有关，就像任何一种植物在别人无法生长的时候能够生长，能像抵抗死亡本身一样。在历史悠久的日耳曼荷尔斯泰因地区，槲寄生被称为"幽灵的魔杖"，据说德鲁伊在手持槲寄生树枝时能够看到鬼魂并与之交谈。

　　多年来，因为没有联系当时的环境来理解，关于德鲁伊的故事被夸大了，尽管德鲁伊教仍然作为一种精神运动存在，但民间传说中"德鲁伊"的概念通常只是指具有魔法能力的人，或者遵循更古老、不那么规范的信仰传统的人。有一个发生在英格兰的关于德鲁伊不可思议力量的故事。在那里，槲寄生在这个国家的南部和西部大量生长，德文郡除外，因为在这个故事中，槲寄生被德鲁伊教诅咒了，所以它永远不会在那里生长。据说有一个果园横跨了德文郡和萨默塞特郡的交界处，萨默塞特郡一侧的苹果树上长满了槲寄生，德文郡一侧却完全没有。[①]

无论这样的故事起源于何处，槲寄生一直被认为是神奇的。这种寄生植物，本质上就是一种奇特的植物：它不在地面上生长，只生长在树上，通过根部从所寄生的树上窃取营养。美国槲寄生属被称为"偷树贼"，许多个世纪以来，人们认为槲寄生一定是从鸟类留下粪便的树枝上长出来的。它的名字仍然是对这种信念的一种肯定——*mistel* 在盎格鲁－撒克逊语中是"粪便"的意思，*tan* 的意思是"树枝"。因此，这种植物的现代通用名称的字面意思是"树枝上的粪便"。

鸟类被认为可能是这种植物的繁殖者，但槲寄生也曾被用来对鸟类造成巨大的破坏。槲寄生浆果的汁液黏糊糊的，是制造粘鸟胶的主要成分。直到 16 世纪，这种物质一直被用来捕捉小鸟，因为涂上这种物质的树枝足够粘住小鸟的脚。这种混合物的一些变体甚至强大到足以捕捉鹰，可以把一只小的活鸟拴在树枝上，以此来引诱老鹰。

槲寄生学名 *viscum* 的起源被广泛猜测，有一种说法认为它可能指的就是这种黏性特征；另一种说法则认为，它可能源

---

① Milleducia: *A Thousand Pleasant Things Selected From Notes And Queries.*

于梵语 *visam*，意思是"毒药"。只不过，虽然槲寄生的浆果有毒，但毒性不大，也从来没有记录表明长期摄入这种浆果会产生什么可怕的影响，只是可能会导致出现一到两天内消失的醉酒症状。

与这种植物有关的最著名的传统，就是冬季在槲寄生下面接吻。如今，在人们不知情的情况下抓人亲吻通常被视为一种无害的派对恶作剧，但在历史上，这是一件严肃得多的事情；如果一对情侣在槲寄生下面接吻，这意味着他们承诺在来年结婚。按照传统，每亲吻一次，就要从树枝上摘下一个浆果，一旦所有的浆果都被摘光了，就不能再在槲寄生下接吻了。如果有人在这之后还没有被吻过，他们将在新的一年里保持单身。

在斯堪的纳维亚，槲寄生的本质就没那么浪漫了。它与战争有关。因为它分叉的树枝像闪电，所以它与挪威神话中的雷神托尔（Thor）密切相关。在瑞典，它被称为"雷霆贝索姆"，这个名字源于早期的传统，就是癫痫患者可能会携带一根槲寄生树枝或一把带有槲寄生木柄的刀，以防止他们被癫痫发作时产生的内部"电风暴"击倒。

挪威的一个传说讲述了槲寄生是如何杀死奥丁（Odin）和

弗丽嘉（Frigg）的儿子"光明之神"巴德尔（Baldur）的。据说巴德尔英俊、公正、受众神爱戴，但他被自己即将死去的梦境所困扰。为了确保这种情况永远不会发生，弗丽嘉拜访了地球上的每一个生物，并让他们发誓不会伤害她的儿子。她不小心忽略了槲寄生，当"欺诈之神"洛基（Loki）知道了这件事，他便制定了一个计划来除掉巴德尔。

巴德尔以为自己现在所向披靡，于是邀请众神展开了一场盛大的游戏，邀请他们用武器攻击自己，以证明自己不死。洛基用槲寄生木制作了一支箭，鼓励盲神霍德（Höd）向巴德尔射去，让他相信这不会造成伤害。这支箭却杀死了巴德尔，洛基的阴谋得逞了。槲寄生上珍珠白的浆果据说是弗丽嘉在得知她的宝贝儿子死去时流下的眼泪。

夹竹桃（Oleander）: *Nerium oleander*

就像法利赛人，外表是美丽的，
内心深处，是贪婪的狼和杀人犯。
——威廉·特纳《新草药书》第二部分和第三部分

夹竹桃是一种观赏性开花灌木，在热带气候中生长旺盛。它作为一种栽培植物非常受欢迎，现在很难确定其确切的原产国，但人们认为类似的野生品种可能来自亚洲西南部。夹竹桃的名字源于它表面上与木樨榄属（*Olea spp.*）相似。

就像许多有毒植物一样，在夹竹桃生长的许多国家，它已经成为死亡和厄运的同义词。在托斯卡纳和西西里岛，死者在下葬前会被夹竹桃花覆盖；在印度，死者在葬礼上会被戴上夹竹桃花环。

夹竹桃也是最有毒的普通园林植物之一。作为罗布麻家族的一员，整个植物，包括它燃烧时产生的烟雾，都是充满剧毒的。尽管自 1985 年以来只有少量的官方死亡记录，但几片夹竹桃叶就足以杀死一个孩子。误食夹竹桃会导致腹痛、呕吐、脉搏加速和心脏骤停，简单接触这种植物也会产生水泡。在印度，它被称为"马杀手"；在意大利，它被称为"驴杀手"。因为仅仅是其花的气味，或者掉进夹竹桃花的水，就足以杀死家畜。

关于人们因吃了用夹竹桃串起来的肉而死亡的各种故事流传开来。故事的主人公有如下几种：半岛战争中威灵顿公爵（Duke of Wellington）的手下、无名的希腊或罗马士兵、犯了错误的徒步旅行者或者是出去露营的倒霉童子军。但这些故事的真实性和来源一样令人怀疑：用夹竹桃生产的木材根本不适合做竹签，即使它能，也不太可能在烹饪过程中转移足够多的毒素。另一个类似的故事是有个士兵睡在剪下的夹竹桃树枝上后死亡，但这只不过又是一个异想天开的猜测。

然而，有一种夹竹桃有着更阴险的名声。黄花夹竹桃（*Cascabela thevetia*）是夹竹桃真正的"亲戚"，原产于墨西哥和中美洲。*cascabela* 这个名字来自西班牙语 *cascabel*，意为"响尾蛇的嘎嘎声"——把蛇和植物相提并论并不是没有道理的。

在美国南部各州，人们有时会开玩笑说，厌倦了丈夫的老太太们可能会用这种植物来给蛋糕调味，以除掉丈夫。这句俏皮话可以追溯到路易斯安那州圣弗朗西斯维尔的桃金娘种植园的一个著名鬼故事。克洛伊是一个经营种植园家族的奴隶，曾有一段时间是家族首领伍德拉夫法官（Judge Woodruffe）的情妇。她担心一旦他厌倦了她，她就会被送回庄园继续当奴隶，

于是她决定给这家人下毒，把夹竹桃叶烤成生日蛋糕，继续服侍讨好他们。由于判断错误，伍德拉夫的妻子和两个女儿死于中毒，克洛伊逃离了犯罪现场。其他的奴隶为了证明自己与这场毒杀无关，抓住并绞死了她。直到今天，克洛伊的鬼魂仍然在种植园里游荡。

夹竹桃的杀伤力会让人害怕，但正如这个故事所表明的那样，并不是所有摄入夹竹桃的人都是偶然吃到，有些人甚至完全不知道它的毒性。在斯里兰卡，黄花夹竹桃被称为"自杀树"，因为使用它是一种常见的自杀方式，尤其是在老年人中。养老院通常会种植这种植物，老人们经常能在养老院的花园中获得黄花夹竹桃的树叶和种子，这种植物也常用于装饰。

海檬树（Othalam）: *Cerbera odollam*

如在无风的夜晚，
月亮投下阴影，
我死后，
我的心依然如此。

——阿德莱德·克拉普西《月影》

无论是被称为"彭彭""米特拉"，还是不祥的"自杀树"，海檬树在印度本土是常见的、最受欢迎的庭院树篱植物。

海檬树是夹
竹桃的亲戚，是
致命的罗布麻家族
的一员，它的学名
来自塞伯拉斯——希
腊地下世界的守护者。
这种植物的所有部分，甚至是
燃烧木材所产生的烟雾，都是有毒的，但毒性最重的是果核。
果核的直径不超过一英寸，海檬树之所以被称为"自杀树"，
是因为只要一个果核就足以杀死一个人。这种果核含有海芒果
毒素，会增加人体细胞中的钾含量（医学术语是高钾血症，与
注射致死的效果相同），并导致心脏骤停，几乎没人能活下来，
摄入后通常会在一到两天内死亡。

在尸检过程中很难发现海芒果毒素的存在，而且果核的味
道很容易在烹饪过程中被掩盖，因此海檬树已成为从古至今自
杀和谋杀的常见工具。1989—1999 年，喀拉拉邦（在印度西南
部）确诊了 537 例海檬树中毒病例；仅在这一地区，每周大约
有一例中毒，在同一时期记录的所有中毒病例中，每五例中就

有一例是海檬树中毒。[1] 这些死亡病例中的大多数被裁定为自杀，但由于使用了先进的尸检技术，参与研究的团队发现了其中一些可能被忽视的杀人案件。这使得研究团队怀疑，一些自杀案例的背后可能隐藏着更险恶的解释。

历史上，海檬树的果实也被当作一种考验的手段。这种司法方式在马达加斯加和非洲最常见，通常用于谋杀或巫术等严重指控。被告会吞下一种有毒植物的果核——通常是海檬树的果核，如果他们能把它吐出来而没有产生不良影响，将被宣布无罪。但是，如果他们无法做到，就会被毒死，或以与罪行相称的方式被处死。这种形式的审判之所以流行，是因为人们相信，在这种植物里有一个善良的灵魂，它只会击中罪犯的心，而且他们对这种测试的准确性非常自信，许多人会自愿接受这种形式来证明自己的清白。尽管如此，这样的磨难还是造成了令人难以置信的死亡人数。一次记录显示，在一次试验中有6000多人死亡。[2]

在双方发生争执的情况下，都要经受海檬树的考验，而幸存的一方将被宣布是无辜的。如果他们都活了下来，就没有理由争论了；如果他们都死了，就表明他们在某种程度上都是不诚实的。如果死者是下层社会的人，他们的尸体会被扔给野生动物；然而，如果他们是上层社会的人，他们的亲属通常会向

---

[1] Gaillard, Yvan, Ananthasankaran Krishnamoorthy, and Fabien Bevalot; *Cerbera Odollam: A 'suicide Tree' and Cause of Death in the State of Kerala, India.*

[2] Heiss, A., Maleissye, D., Tardieu, J., Viossat, V., Sahetchian, K.A. and Pitt, I.G.; *Reactions of primary and secondary butoxy radicals in oxygen at atmospheric pressure. International Journal of Chemical Kinetics, 1991.*

原告支付赔偿金。如果他们做不到这一点，他们就会把自己卖了，通常是卖给赢家。在某些富人被指控的情况下，他们可能会自愿提供一个奴隶或仆人来替他们经受磨难。[1]

从科学的观点来看，毒药本身并不能区分罪犯和无辜的人。不过，通过快速咀嚼和吞咽果核也有可能活下来，因为这会更快地触发呕吐反射，从而限制毒素吸收的量。有罪的一方可能会因为害怕审判结果而放慢咀嚼果核的速度，从而判自己死刑。

这种通过折磨进行审判的方法至少可以追溯到 16 世纪的马达加斯加。这种方法被认为是造成当地平均每年至少 2% 人口死亡的原因，直到 1863 年这种审判方式才终于被拉达玛国王二世（King Radama II）废除。[2] 除马达加斯加，中非地区仍在使用这种方法。然而，它只适用于极端情况，因为人们认为非自然死亡是违反自然的行为，不能在未经充分考虑的情况下造成。[3]

只有两种情况是允许在没有犯罪的情况下吃有毒植物的。在西非，其目的仅仅是诱导呕吐而不是死亡——为此，人们使用了几内亚格木（*Erythrophleum guineense*）的树皮，因为它富含单宁（tannins），在植物毒素起作用前人们就会呕吐。巫医在获得资格之前必须多次接受这种折磨。历史上，这种做法

---

① Gwyn Campbell; *The State and Pre-Colonial Demographic History: The Case of Nineteenth Century Madagascar, Journal of African History.*

② William Edward Cousins; *Madagascar of Today: A Sketch of the Island, with Chapters on its Past.*

③ Lasnet and Boye; *Poisons d'épreuve in Traite de Pathologie Exotique.*

也被用来任命新国王，即使头衔是世袭的，但前国王至少要有一个儿子接受两次这样的考验，并愿意接受第三次考验，否则王位将被宣布空缺，并且所有人都可以参与王位的竞争。

　　用于这些试验的大多数植物来自夹竹桃科、豆科和茄科。从对这些毒物的描述中我们知道，海檬树、曼陀罗和木薯肯定是最常用的。同样常见的还有海杧果（*Cerbera tanghin*），它是海檬树的亲戚；经常使用的还有几内亚格木树皮，被称为"毒树皮"；还有对叶箭毒木（*Acokanthera oppositifolia*）。最后一种是流行的选择，因为它的主要毒素哇巴因（来自索马里语 *waabaayo*，意思是"箭毒"）和毒毛旋花甙并不总能被消化道持续吸收，因此无法预测致命剂量。因此，一个人可能在一次试验中摄入一剂后仍然活着，但在第二次试验中摄入同样的剂量后却死亡。这使得被告不可能通过贿赂分发毒药的巫师来试图逃脱惩罚。

　　贿赂并不是一种罕见的生存策略。无论是通过金钱还是指使奴隶替他们接受折磨，被告人尽其所能改变胜负的做法并非闻所未闻。巫医之间的腐败也使审判成为除掉高层人物的便捷方式。在一个这样的案例中，一个不受公众欢迎的人被错误地指控为使用了巫术。由于他卧病在床，无法出席审判，只好被抬到床上接受严酷的考验，并被给予双倍剂量的毒药"先退烧"。[①] 在 1881 年的另一起案件中，一名受厌恶的军官也受到了类似对待。在他的父亲死后，这位军官一直看守着父亲的尸

---

① Joannes Chatin; *Recherches pour servir à l'histoire botanique, chimique et physiologique du Tanguin de Madagascar.*

体——这是一个常见的、完全无害的传统，即在下葬前与尸体为伴。村民们便抓住这个机会指控他通灵，并在审判中给他开了一剂大剂量的毒药，确保他活不下来。

糖胶树（Pala Tree）: *Alstonia scholaris*

> 我们，然后是两个人，然后说——
>
> "啊，难道是林地的食尸鬼——
>
> 可怜的、仁慈的食尸人——
>
> 阻挡我们的道路，禁止我们进入这些世界的秘密——
>
> 从这些世界中隐藏的东西——
>
> 从月球灵魂的边缘——
>
> 这个邪恶的闪烁星球从行星灵魂的地狱——
>
> 画出了一个星球的幽灵吗？"
>
> ——埃德加·爱伦·坡《致乌拉卢姆：小调》

糖胶树是其原产地最高的树之一，遍布印度、东南亚和澳大利亚。它可以长到 140 英尺高，生长迅速，是制作铅笔和黑板的理想木材，因此专门被称作"灯架树"和"黑板树"。

然而，一旦黑暗降临，它又被称为"鬼魂树"或"魔鬼之树"。这是因为，作为夹竹桃科的一员，它在整个 11 月的夜间开花，刺鼻的气味会引起严重的头痛。在印度南部，人们警告孩子们天黑后不要靠近这棵树，因为据说这是女夜叉（Yakshi）的鬼魂化成的。女夜叉是一个女吸血鬼，她以富人为食，引诱并杀死他们。

女夜叉据说是一名女子的复仇灵魂，她是一场悲剧爱情的受害者，最终死在了她爱的男人手中。天黑之后，她会化作一个穿着白色衣服的漂亮女人，站在树下等着向年轻人要一根火柴点燃香烟。当年轻人靠近时，她会变成吸血鬼并吃掉他们，只留下指甲、牙齿和头发。在马来西亚，据说有一种名为坤甸的类似生物也在糖胶树上出没，但它只是吮吸受害者的血液，然后就将受害者释放。

尽管女夜叉的名声令人恐惧，但在印度北部，

她和她的男性同伙夜叉（Yaksha）被称为"树灵"，比她的南方同伴更和平。她不是一个吃人的吸血鬼，而是一个生育精灵，被称为"花朵的芬芳"，可以对善待树的人施以恩惠。

关于印度南部女夜叉侵略行为的一种理论认为，她实际上可能是由毕舍遮（pisacha，印度神话中以尸体为食的恶鬼）伪装成的。毕舍遮是一种恶鬼，通常与夜间开花的树木联系在一起，这是一种邪恶的生物，常出没在十字路口，搜寻着下一个受害者。铁会使它们变得无力，这与马来西亚的坤甸产生了有趣的联系——在马来西亚，人们认为把一颗铁钉钉进这种生物的脖子，就能把她变回一个正常的女人。

辣椒（Peppers）: *Capsicum spp.*

一艘着火的船，除了跳入海里，

没有办法从火焰中逃脱出来，

一些人跳船，游出来了，

当他们靠近敌人的船时，

子弹已经被海水泡透，受潮了。

所以在船上所拾得的一切都丢失了。

他们在海里被烧死，他们在烧毁的船上被淹死。

——约翰·多恩《烧毁的船》

辣椒是臭名昭著的颠茄的表亲，属于茄科植物，至少在6000年前就被驯化了。它们的确切起源很难查明，但在墨西哥普埃布拉的特瓦坎山谷发现的辣椒的果实、种子和花粉可以追溯到至少公元前4000年，而在秘鲁的瓦卡普里塔的发现则可以追溯到大约公元前2000年。

早期的西班牙探险家在加勒比海寻找巴西胡椒树（*Schinus terebinithifolia*）时发现了红色的辣椒荚，于是辣椒就走出了它的故乡。目前还不清楚他们将自己的发现命名为"辣椒"是因为真正的误认，还是只是为了挽回带回错误植物的面子，不管怎样，尽管辣椒和胡椒树之间没有任何联系，这个名字仍然存在。

这种植物传入欧洲之后，开始流行起来。在所有欧洲国家中，匈牙利已经成为辣椒和辣椒香料（尤其是辣椒粉）在欧洲大陆最重要的生产国之一。这种植物是如何在匈牙利种植的，有一个古老的民间传说。

当土耳其士兵入侵时，他们绑架了一名当地女孩，并把她带到他们的营地居住。土耳其人吃了很多辛辣的食物，这使他们在战斗中变得凶猛，对女人很饥渴。当女孩得知这一点时，她开始想办法回到她的村庄和未婚夫那里。逃跑时，她带着辣椒种子回到了家，很快，辣椒就遍布匈牙利各地。香料赋予了匈牙利战士与土耳其人同等的力量，入侵部队很快就被击败了。

辣椒其实并不适合作为壮阳剂，也没有增加男性力量的功能，但它以灼热感而闻名。由复合辣椒素引起的这种感觉实际上并不会导致灼伤，而是会使神经向大脑发送灼伤感的信号。喝水并不能缓解这种情况，但酒精能溶解这种化合物，黄油和牛奶等脂肪会与其结合，降低灼烧感。辣椒生存技术的进化可能是为了阻止哺乳动物吃掉它的种子，鸟类可以将种子全部吞下，并帮助散播种子。

辣椒素的特性使辣椒成为全球流行的熏蒸剂。这种刺激性的烟雾对老鼠、一些常见的昆虫和其他害虫有很好的威慑作用。由于熏蒸在历史上一直被认为是一种抵御超自然力量的手段，故人们很快就相信辣椒有神奇的特性。在现存不多的阿兹特克（Aztec）书籍之一的《门多萨药典》（*Codex Mendoza*）中有一幅插图，描绘了一个男孩被燃烧的辣椒烟雾所笼罩的画面——这是对不服从者的惩罚，波波拉卡印第安人至今仍在使用这种惩罚方法。①

在墨西哥，辣椒不仅能震慑恶魔，还能杀死它们，"甜美的"果实把恶魔吸引过去，然后用火焰吞噬它们。但有一个恶魔能轻易逃脱这种命运，它就是吸血鬼鲁班·奥科（luban oko），也称"红色恶魔"，它时常跟踪扎尔奇亚人或亚马孙的

---

① Jean Andrews; *Peppers: The Domesticated Capsicums.*

科罗拉多印第安人。如果一个村庄被怀疑是这些生物出没的地方，村民们会在火中烧辣椒，同时也会在盛宴上提供辣椒。这样一来，恶魔就会遭受双重打击：第一，它不能吃辛辣的食物；第二，火焰的烟雾会使它窒息。[1]

在非洲，辣椒——特别是灌木状辣椒（*C. Frutescens*），也就是流行的塔巴斯科辣椒——可以被用来探测和诱捕女巫。在加纳有一种仪式，就是在女巫聚会的树下点火，然后把干辣椒扔进火里。这种气味会缠住在场的女巫，使她们无法飞走。[2]

---

① Juan Javier Rivera Andía; *Non-Humans in Amerindian South America: Ethnographies of Indigenous Cosmologies, Rituals and Songs.*

② Hans Werner Debrunner; *Witchcraft in Ghana: A Study on the Belief in Destructive Witches and its E ect on the Akan Tribes.*

毒漆藤、毒橡树和毒漆（Poison Ivy, Oak, and Sumac）: *Toxicodendron spp.*

此刻，就在令人眩晕的悬崖边缘，

瞧！当一个消瘦的女性形体，

被愤怒的太阳和风暴摧残，

在破败的杂草和杂乱无章的废墟中，

站在路边的悬崖上，

用她那不安的眼睛环视四周，

望着树林、岩石和天空，

似乎无从观察，却可窥探一切。

——沃尔特·斯科特爵士《湖中之女》

它们也许是北美最臭名昭著的三种植物，很多故事都讲述了在野外的徒步者们与漆树属（*Toxicodendron*，旧称为 *Rhus*）树木之间的瓜葛。毒漆藤、毒橡树和毒漆是近亲。毒漆藤（*T. radicans*）有根；毒橡树（*T. pubescens*）有毛，因为其叶子有毛；毒漆（*T. verix*）的分泌物是树脂。

在这三种植物中，毒漆藤是最有名的，当然也是分布最广的。它的名字是由英国殖民地詹姆斯敦的约翰·史密斯船长（Captain John Smith）起的，他这样描述这种植物："你触碰到有毒的杂草之后，会引发红肿、瘙痒，最后会起水泡。"由于它的生长方式与英国常春藤相似，所以很容易看出这个绰号的来源。然而，尽管有相似之处，但它实际上是腰果和开心果的亲戚，与英国常春藤没有关系。

不只是英国殖民者讨厌这种植物，詹姆斯敦的一位编年史者曾宣称："在这个新发现的弗吉尼亚州，从未有英国人像我们这样悲惨地生活在异国他乡。"尽管拉玛·纳瓦霍人和切罗基族人都把毒漆藤当作染料和箭毒的生产原料，但当地的部落对毒漆藤仍怀有厌恶感。但当不得不接近它时，通常的做法是称它为"我的朋友"，希望能缓和它的难相处的本性。①

对于那些生活在北美经常见到这种植物的人来说，它一度是一种受人追捧的商品，这似乎令人难以置信。欧洲的植物研究机构，如英国皇家植物园或巴黎医学院，在过去的几个世纪里收集了有用的和不寻常的植物，我们今天对植物学的大部分了解都来自他们的研究。1668年，一位叫理查德·斯塔福德的人从百慕大群岛向英国发送了一份毒橡树样本，并警告

---

① James Mooney; *History, Myths, and Sacred Formulas of the Cherokees, 1981.*

说:"我见过一个人，他对毒橡树非常敏感，以至于脸上的皮肤都剥落了，但这个人从来没有碰过毒橡树，只是在路过的时候看了一眼。"这显然是夸张的说法，但正是因为这些令人毛骨悚然的故事令它们名声大噪，所以人们对这些令人痛苦的植物产生强烈的研究兴趣（如果是短暂的话）也不足为奇。

尽管毒漆藤、毒橡树和毒漆的身份有点"邪恶"，但从技术上讲，它们并没有毒。毒药被归类为一种在食用或吸收时会导致疾病或死亡的物质；但是漆树属植物会分泌漆酚（urushiol），这是一种能激活人体免疫系统的油，会让人产生皮疹形式的过敏反应。但与许多有毒植物不同的是，这种植物的毒性并没有演变成一种防御措施——事实上，这只是一种意外的副作用，因为漆酚可以帮助植物在干旱期保持水分。据说，大约25%的人对漆酚产生的影响免疫，因此可以安全地处理这些植物。然而，对于那些易受影响的人来说，随着免疫反应的增强，每次接触漆酚都会变得更糟。幸运的是，含有漆酚的植物很容易识别，只需在其茎或叶上包裹一张白纸，然后压碎里面的植物，如果有挥发油，就会在纸上留下棕色的痕迹。

漆酚存在于漆树家族的所有成员中，并因为漆树而命名。含有漆酚的树液暴露在空气中时会变干，变成中国、日本和韩国传统漆器上常见的光泽坚硬的漆。

在中世纪的日本，修验道僧侣也曾利用它将自己活生生地制成木乃伊。这个被称为"即身佛"的艰难仪式长达十年，曾经有很多人尝试过，但到目前为止只发现了24具"成功"的木乃伊。这一过程需要进行1000天的极端禁食，即所谓的"吃树"：参与者只依靠山上的松针、种子和树脂消除身体内的全部脂肪。在接下来的 2000 天里，身体里所有的东西都需要被净化，减少液体的摄入量，使身体脱水，每天只喝一碗漆油，这使得身体对蛆虫和害虫来说毒性太大。一旦僧侣完全停止饮用，他就进入一种冥想状态，每天敲一次钟，表明他还活着，只有当钟声停止时，坟墓才被封闭。在最后的 1000 天，他的遗体将自然成为木乃伊。

罂粟（Poppy, Opium）: *Papaver somniferum*

在路上，在田野间，

罂粟举起朱红色的盾牌，

在他们心中，在金色的正午，

喃喃地哼着昏昏欲睡的曲调，

摇动着沉睡的蜜蜂，低吟着。

——麦迪逊·朱利叶斯·卡温《心之国度》

很少有什么比罂粟花在微风中点头更能让人想起慵懒的夏日午后了。它们遍布世界各地，是农田、公园和路边的常客，为蜜蜂、飞蛾和蝴蝶等依赖花粉的昆虫提供了丰富的食物。它们喜欢在受干扰的土壤中生长，比如在战场上，这也使罂粟成为纪念退伍军人和那些在冲突中死亡的人的象征，这种特殊的罂粟被称为"虞美人"（*P. rhoeas*）。

但这种花也因其制造镇静剂和鸦片的作用而闻名。造成这种特殊联系的罂粟是"鸦片罂粟"（*P.somniferum*）。鸦片罂粟因其催眠的能力而闻名，以至于早期罗马人认为它是由克瑞斯创造的。克瑞斯为了摆脱失去女儿珀耳塞福涅（Proserpine）的悲痛创造了罂粟，将其作为一种让自己忘却的手段。威廉·布朗（William Browne）的《慰藉》（*Consolation*）中谈到了这种创造。

> 给农夫带来睡眠的罂粟花，
> 不能无缘无故地向谷物女神敬献。
> 最美丽的珀耳塞福涅被迷住了，
> 她夜中哀诉，白日垂泪，
> 度过了漫长的时光：当没有强大的力量可以给她
> 任何慰藉时，罂粟花却让她得到了解脱：
> 因为吃了种子，她安然入睡，
> 她所忍受的痛苦就这样被消磨掉了。

早期医生将罂粟用作需要镇静或镇痛的患者的基本药物。在较热的气候条件下，罂粟每年不止成熟一次，这使得它比曼德拉草等其他可用作催眠剂的植物更容易种植，因为曼德拉草需要三年才能成熟。罂粟的干萼片或种子本身可以与茶混合，以缓解疼痛、咳嗽和促进睡眠。保罗·德拉平（Paul de Rapin）这样描述。

强大的种子，当被挤压时，提供了果汁，

它在医学界享有盛名，享有至高无上的地位，

在沉闷的夜晚，休息是多么美妙，

或者治好顽固性咳嗽，缓解乳房疼痛。

直到 1805 年，人们才从罂粟中提取出吗啡，而鸦片也是如此，是由种子胶囊的干燥乳胶制成——被用作止痛药和安抚不安的婴儿。荷马在他的《奥德赛》中提到鸦片，称它为"忘忧草"——"悲伤的破坏者"。他把这种物质的发现归功于埃及人。事实上，早在公元前 1550 年的亚伯斯古医籍中就提到这种物质可以防止"孩子过度哭泣"。令人惊讶的是，罂粟作为治疗小儿绞痛的药物一直持续到最近 50 年。

从 16 世纪开始，鸦片最常见的服用形式是鸦片酒，即一种鸦片和酒精（通常是白兰地）的混合物，可以止痛，通常成年人会服用，用于治疗疼痛和失眠，也可以用勺子喂给不安的婴儿。鸦片酒后来被用于制作戈弗雷氏香酒，这是一种在 18 世纪早期流行的药物，它将止痛药与糖浆结合起来，作为专门用于儿童的镇静剂。对于那些买不起正统药物的人来说，19 世纪诺福克和剑桥郡的沼泽地区（那里的鸦片成瘾是一个特殊问题）提出了一个解决方案：可以将生罂粟籽用薄纱包起来，浸泡在茶或糖水中，然后把这捆罂粟籽送给生病的孩子，让他们吮吸。

这种方案可能给疲惫的父母带来了短暂的喘息，但使用

罂粟衍生物来解决孩子的问题是有严重风险的，儿童因吸食鸦片而死亡的概率很高。在17世纪，尼古拉斯·卡尔佩珀（Nicholas Culpeper）医生对这一趋势发表了评论："过量服用会导致过度的欢乐或智力下降、脸红、嘴唇肿胀、关节放松、头部眩晕、深度睡眠、做噩梦、抽搐、冒冷汗，经常还伴随着死亡。"由于罂粟茶和鸦片能造成这样的影响，所以它们被用于更邪恶的目的也就不足为奇了。在19世纪，人们可能会成为"下药"行为的牺牲品，即政治支持者会在选举前一晚在反对党选民的饮料中加入鸦片酒，以确保他们能在选举期间安然入睡。[1]

　　来自英国贝辛斯托克的另一个故事强调了罂粟镇静作用的另一种危险。故事始于南景公墓上挂的一块牌子：布伦登夫人，威廉·布伦登的妻子，于1674年7月被活埋在这个公墓。议会因该镇玩忽职守而对其进行罚款。

　　正如牌子上所说，爱丽丝·布伦登在英年早逝之前被活埋过——不是一次，而是两次。当她的丈夫出差时，有记录显示她喝了大量罂粟茶，陷入了深度睡眠，没有人能叫醒她。一名医生到场后，将一面镜子举到她的脸上检查她的呼吸，最后宣布她死亡。记者联系了她的丈夫，她的丈夫要求推迟葬礼，直到他回来；然而，由于夏天很炎热，家里的其他人决定继续下葬，以确保她的尸体不会腐烂。爱丽丝是一个身材高大的女人，他们不得不把她抬进棺材里，把她的胳膊和腿封起来。

　　葬礼结束两天后，两个在墓地玩耍的男孩听到了从地下传

---

[1] As mentioned in Charles Dickins' *Pickwick Papers* and Thomas de Quincey's *Three Memorable Murders*.

来的低沉的声音和尖叫声。他们跑到学校，将这件事告诉了几位老师。但由于两人在学校是出了名的调皮捣蛋，所以校长并没有相信，反而认为他们是在撒谎，惩罚了他们。然而，第二天，校长去墓地调查的时候，自己也听到了那里有女人的请求声。

等那些有权打开坟墓的人到的时候，已经是晚上了。当棺材被打开时，人们可以看到，爱丽丝·布伦登几乎是从棺材里钻出来的，她的身体被紧紧地挤进了棺材，看上去"被打得很惨"，这导致她身体紧绷。当他们检查她的身体时，爱丽丝已经没有生命迹象了。

验尸官等人将她送回了坟墓，由于坟墓还没有完全弄好，于是他们派了一名警卫在那里看守。但就在当天晚上，忽然下起了大雨，警卫只好离开岗位去躲雨，这样一来，坟墓就无人看守了。到了早上，人们惊讶地发现，她撕下了一大块裹尸布，身上又出现了好几处抓伤，似乎奋力反抗了很长时间，浑身都是血。[1]

这次，爱丽丝应该是真的死了，但真要说谁应该对这场悲剧负责，也是说不清楚的。最后，该镇因自身的疏忽被处以罚款。当时，用镜子来检查死亡是一个公认的办法，但不断的实践证明了这种办法是不可靠的，因此这种办法也逐渐退出了历史舞台。

有关罂粟的神话和迷信传说都与它的催眠和镇静效果交织在一起——在坏人手中，它甚至能杀人。希腊罗马诸神许普诺

---

[1] Francis Baigent and James Millard; *A History of the Ancient Town and Manor of Basingstoke.*

斯（Hypnos，睡眠之神）、桑纳托斯（Thanatos，死神）和倪克斯（Nyx，黑夜女神）经常手持鲜花或戴上花冠，在葬礼上向棺材里撒罂粟籽，以希望尸体安息，而不是复活。

然而，以这种方式使用罂粟种子可能与它们的催眠特性关系不大，与之相关的是一种古老的抵御恶魔和吸血鬼的传统方法。这个迷信是从罗马帝国传到整个欧洲的，内容大致为：如果怪物在追捕你，你就把一个个容易分散的小东西扔到身后的路上，怪物就会被迫停下来，它一定会查看每一个小东西，然后再继续前进，这就让你有时间逃脱追捕。这个神话以各种形式被重新讲述。除了罂粟籽，大米、面包屑和橡子及其他植物也可以作为分散注意力的东西。你甚至可以在门前种一丛迷迭香，把女巫或其他来访的恶魔挡在门外，这样——按照同样的逻辑——她们就会被迫停下来，数一数那无数的小叶子。也许正是在这种背景下，人们在古老的墓地中发现了罂粟种子之类的物质：一种防止尸体被这些生物捕食的遏制物，或者防止尸体本身变成这些生物。

波叶大黄（Rhubarb）: *Rheum rhabarbarum*

伏尔加，伏尔加，伏尔加母亲，
阳光下宽广而深邃的伏尔加河，
你从未见过这样的礼物，
来自顿河的哥萨克！
使自由而勇敢的人们永远和平，
伏尔加，伏尔加，伏尔加母亲，
给这个可爱的女孩做个坟墓吧！

——德米特里·萨多夫尼科夫《斯坦卡·拉金》

　　没有什么比热炖大黄加少许姜更美味的了。作为园丁和美食家的最爱，这种酸味蔬菜生长在世界各地，几乎不可能灭绝。但它并不是大多数食用它的国家的原生物种，而且它造成的不仅仅是少数人的死亡——那么这到底是怎么回事呢？

　　大黄原产于蒙古和中国西北部，在那里，大黄的根有药用价值，早在公元前 2700 年就因其通便功效而受到高度赞扬。马可·波罗在著名的《马可·波罗游记》中指出，大黄在这些地区大量生长，它成为丝绸之路出口到欧洲的主要产品。在欧洲，它的价格高于肉桂、藏红花和鸦片。

沿着丝绸之路，大黄来到了俄罗斯，那里培育出了早期的各个烹饪品种，我们可以从那里追溯其学名的起源。最初的学名是 *Rheon rhabarbaron*，意思是"来自 Rha 的野蛮土地"（Rha 是伏尔加河的希腊名称，流经俄罗斯大部分地区），后来变得复杂起来，变成了我们现在使用的名称：*Rheum rhabarbarum*。在俄罗斯，现在大黄仍是一种重要的植物，据说就连臭名昭著的俄罗斯女巫巴巴·雅加（Baba Yaga）也从伏尔加河岸收集大黄，用于巫术。

2014 年，纽约一个建筑工地在清理一个德国旧啤酒园时，发现了一个有 200 年历史的玻璃瓶，上面标着"长生不老药"，旁边还有一些装着药用苦味酒的瓶子。在 19 世纪，酒精疗法大受欢迎，在大多数酒吧都能买到酒精治疗药。在建筑工地发现

的长生不老药的配方可以追溯到19世纪的一本德国医学指南，其中包括大黄（可能是根或作为调味剂）、龙胆草根、姜黄、藏红花、芦荟汁和谷物酒精。这些成分大多数有利于消化系统的健康，可能真的有助于健康的生活方式，尽管饮酒者立即感受到的兴奋感更有可能与酒精含量有关。

喝一口用大黄的根或茎制成的饮品可能没什么问题，但大黄叶不一样。大黄叶是导致第一次世界大战和第二次世界大战期间18人死亡的直接因素。在那段时间里，英国的平民受到鼓励，利用花园里的空闲土地，宣扬"为胜利而挖掘"的精神。政府建议他们饲养牲畜或种植作物，还给他们分发了几百本小册子，小册子介绍了最大限度利用本土资源的最佳方式。

一切进展得都很顺利，直到一本小册子的出版。这本小册子里面有20世纪初著名的植物学家莫德·格里夫（Maud Grieve）的建议，尽管她的许多作品都有很多错误，但还是非常受欢迎。这本小册子将大黄叶列为一种蔬菜——错误的信息可能来自1846年发表在《园丁纪事》（*The Gardener's Chronicle*）上的一封信，在信中，什鲁斯伯里伯爵（Earl of Shrewsbury）的园丁谈到了整株植物的可食性。

不幸的是，这个园丁的说法是错误的。大黄叶子含有草酸，虽然大量食用才能致命，但死亡之前会出现呕吐、抽搐、流鼻血和内出血，所有这些都是在摄入后一小时内发生的。这种草酸与人体内的钙结合迅速形成肾结石，最终导致肾衰竭。虽然园丁的错误信息在后来的一期杂志中得到了纠正，但很多读到第一篇文章的人可能没看到后来的纠正文章。

根据这一建议，当地政府提倡用大黄叶代替卷心菜和菠菜。在第一次世界大战中，有 13 人死于大黄叶中毒，当发现错误时，这些小册子很快被召回，可惜它们只是被召回，并没有被全部销毁。在第二次世界大战期间，一些勤劳的回收者在仓库中发现了它们，并重新分发，这导致了另外 5 人死亡。

尽管大黄叶有危险，但在两次世界战争期间，大黄在英国仍然非常受欢迎。当大黄叶与其他水果一起烹饪时，它很容易吸收水果的味道，在严格的食物配给时期，许多果酱和橘子酱都含有大量大黄叶。有一个广为流传的说法，一家公司正是利用这种方法获得了巨额利润，他们伪造覆盆子的种子，使它们看起来更真实，掩盖了他们生产的覆盆子果酱中大黄含量高达 80% 这一事实。

相思子（Rosary Pea）: *Abrus precatorius*

孤独，孤独，
在长满青苔的石头上，
她坐着用最后的叶子做念珠计算逝者的去向，
当所有枯萎的世界看起来都很凄凉，
就像一幅沉溺过去的模糊画面，
在寂静的心灵神秘的远方，

不知道最后会被什么幽灵之物偷走，

进入那灰色之上。

——托马斯·胡德《秋天》

相思子，又称"鸡母珠"，是一种入侵性热带植物，它从原产地亚洲和澳大利亚传到加勒比海和温暖的美洲国家，成为一种顽强的有害植物。它的根扎得很深，藤蔓生长迅速，难以去除。这是一种独特的植物，开着一簇簇紫罗兰色的花，一年中有几个月的时间，豆荚里长满了红色和黑色斑点的小种子。这种种子在干燥后仍保持鲜艳的颜色，最著名的用途是制作珠宝纪念品。

尽管相思子具有入侵性，但也大有用途。相思子的每一粒种子重约 1 克拉，大小稳定可靠，几个世纪以来，它们在印度被当作砝码，名为"拉提"，尤其是被用来称量黄金。相思子也是阿肯称重系统的基本单位，在该系统中，10 粒种子相当于最小的黄铜重量，

称为 *ntoka*。^① 在印度和爪哇岛，相思子的根和叶因具有甘草的味道而备受推崇，通常被用作甘草的替代品，有时它也被称为"印度甘草"或"野生甘草"。在牙买加，该名称被缩短为口语"舐"或"舐草"。^②

然而，相思子是世界上毒性最强的植物之一。摄入一粒相思子的种子（重量不超过 0.2 克）可能会导致一个成年人死亡，根据《恐怖主义法》（*Terrorism Act*），相思子的种子在英国的销售受到严格限制。相思子毒素的效力是蓖麻的 75 倍，可导致呕吐、抽搐、肝衰竭甚至死亡。死亡通常是因为吞食相思子，其毒素不仅可以通过皮肤吸收，也可以从碾碎的种子或浸泡过种子的水中吸入。在印度，这种植物在乡村很常见，经常有报道称碾碎的相思子为自杀的死因。^③

2011 年，英国各地的旅游景点大规模召回了用相思子制成的饰品，此前一年，一名英国女性因佩戴这种饰品而中毒。她在网上买了一个相思子做的手镯后，开始出现荨麻疹、口腔溃疡、呕吐和幻觉。由于医生无法找到病因，根据《精神卫生法》（*Mental Health Act*），她被精神病院收治，因此她失去了工作和住所。直到她儿子的学校发出关于这些手镯的警告，她才摘下这个手镯，随后她迅速恢复健康。如果仅仅通过皮肤接触这些种子，就可以产生如此有害的影响，那么在许多长有该植物的

---

① Margaret Webster Plass; *African Miniatures: the Goldweights of the Ashganti*.

② Martha Beckwith; *Notes on Jamaican Ethnobotany*.

③ Aishwarya Karthikeyan and S. Deepak Amalnath; *Abrus precatorius Poisoning: A Retrospective Study of 112 Patients*.

国家，人们认为它藏有邪恶的灵魂也就不足为奇了。

在南部非洲，相思子的种子与危险的魔法和巫术有关。它们仅被用于装饰魔法仪式中使用的物品，仅限巫医佩戴。在印度，相思子的种子也与魔法有关，并被献给吠陀须弥山的最高神因陀罗。因陀罗扮演着与宙斯和托尔等其他印欧诸神类似的角色，是掌管天空、雷电、风暴和战争的神。相思子的根被用在预示未来事件的仪式上。将土牛膝（*Achyranthes aspera*）和假海马齿（*Trianthema decandra*）的根部碾碎，与蓖麻油和烟灰混合，再将混合物涂抹在儿童的手掌上，看着它，让他感知这种"护身符"的细节，它就像一面魔镜，使奇怪的事情变得清晰可见。[①]

在西印度群岛，人们更友好地对待相思子，主要将其用作珠饰和祈祷珠，相思子的学名 *precatoriu* 直接来自拉丁语 *precari*，意为"祈祷"，而常见名称相思豆也是如此。在这里，人们似乎并不担心它的毒性，他们经常把相思子串成手链，戴在手腕或脚踝上以驱邪。绿色、黑色和白色的相思子被做成了充满活力的设计品。[②]

[①] Qanoon-e-Islam, Ja　ur Shurreef; *Customs of the Moosulmans of India, translated by Gerhard Andreas Herklots.*

[②] Gooding, Loveless, and Proctor; *Flora of Barbados.*

玫瑰（Rose）: *Rosa spp.*

险恶的荆棘在树林中如火如荼，燃烧着它的锋利和翠绿；

它割脚，划开脚上的皮，谁想往前走，它就用力把谁往后拽。

——佚名《费格斯·麦克·莱蒂的暴力死亡》

问任何一个讲英语的国家的人，玫瑰与什么有关，大多数答案可能是相同的：浪漫、婚姻和美丽。但回顾前几个世纪，你会发现这种受人喜爱的花也有黑暗的一面：它曾是秘密、死亡和魔法的象征。在法国，有一种野蔷薇甚至被称为"女巫玫瑰"，即巫师的玫瑰，因为它被认为是魔鬼种植的，魔鬼企图创造一个返回天堂的梯子，但他失败了。[①]

时至今日，玫瑰仍然令人浮想联翩。玫瑰是世界上种植最广泛、最受欢迎的花卉之一，至少在公元前 500 年就开始被栽培了。波斯人、埃及人和中国人热心地将玫瑰的野生近亲培育成我们现在知道的花园品种。在基督教传统中，玫瑰也与圣母玛利亚（Virgin Mary）联系在一起；"rosary"这个词甚至来源于 *rosarium*，意为"玫瑰花环"，因为人们认为早期的念珠可能是由玫瑰果串成的。

---

① Paul Sébillot, *Le Folk-Lore De France: La Faune Et La Flore*.

玫瑰与浪漫的联系可能和玫瑰本身一样古老。罗马人婚礼上的建筑物都会装饰上玫瑰，而在克利奥帕特拉和马克·安东尼之间史诗般的爱情传说中，她曾在自己的卧室里放满了两英尺长的花瓣来引诱他。许多传统的苏格兰和英格兰民谣有一个共同的主题：两株植物从悲剧的早逝恋人的坟墓里长出来；这些植物通常会缠绕在两座坟墓之间，这样相爱的人就能在死后长相厮守。这一主题出现在中世纪的特里斯坦和伊索尔德的传说中，两座坟墓被一丛常春藤连接在一起，并以玫瑰的形式出现在其他著名的歌曲中，如芭芭拉·艾伦（Barbara Allen）和玛格丽特夫人（Lady Margret）的歌曲《爱爵》（*Lord Love*）。

芭芭拉·艾伦被葬在老教堂的院子里，

可爱的威廉被葬在她的旁边。

从甜蜜的威廉的心里长出一朵红玫瑰，

从芭芭拉·艾伦的心里长出一丛荆棘。

它们在老教堂的院子里长啊长，直到它们再也长不高了。

最后它们结成了一个真正的爱人之结，

就这样，玫瑰一直缠绕着荆棘。

家养玫瑰的近亲——野生玫瑰（*R. rubignosa*）和犬玫瑰（*R. canina*）——尚未被驯化，罗马人要感谢它们对历史的贡献。这些是罗马人最熟悉的品种，随着罗马帝国在整个欧洲的发展，它们的早期声誉也随之传播开来。

在基督教出现之前，早期罗马人会庆祝玫瑰节（或称"罗萨莉亚节")。在基督教成为罗马的主要宗教之后，玫瑰节变为基督教五旬节，也称"玫瑰复活节"。这一活动在 5—7 月举行，是对死者的纪念，在这期间人们将修缮坟墓，以纪念死者。人们会向阴间诸神献上玫瑰，因为人们认为死者去世后会成为家里的保护神。军队也会举行祭祀活动，并在军人的勋章上佩戴鲜花，向寺庙和雕像献上祭品。人们也会举办不流血的献祭活动，不仅会用酒，还会用玫瑰和紫罗兰。两种颜色的花朵相互映衬，代表鲜血的颜色和死亡的腐烂。

对罗马人来说，玫瑰是葬礼和纪念仪式上最受欢迎的花卉，人们用玫瑰来装饰葬礼宴会的桌子；玫瑰还经常出现在纪念碑上。作为哀悼和美丽青春的象征，玫瑰常与年轻人的死亡联系在一起，葬礼墓志铭通常提到人们死后会变成花朵。其中一个拉丁文铭文写道：

这里躺着奥普塔图斯，一个因虔诚而变得高尚的孩子：我祈祷他的骨灰可能是紫罗兰和玫瑰，我请求大地——现在是他的母亲，对他温柔以待，因为这个孩子的生命对任何人都不是负担。[1]

希腊人有很多这样的传统，他们在葬礼的石碑上雕刻玫瑰，并给死者戴上玫瑰花冠。在荷马的《伊利亚特》中，阿佛洛狄忒用玫瑰油涂抹赫克托耳的尸体，可以使他的尸体永保新鲜。古埃及人在防腐过程中也使用这种做法。

罗马人也将玫瑰——最著名的是野蔷薇——与秘密和隐藏的宝藏联系在一起。这种联想常出现在童话和民间传说中：想想布劳赛良德森林中亚瑟王的玫瑰塔，它把大魔法师梅林（Merlin）困在塔内或者把睡美人藏在野蔷薇里。希腊人说厄洛斯送给沉默之神哈波克拉底一朵玫瑰，以确保他母亲的风流韵事不被宣扬出去。

这些联想可能来自拉丁语短语 *sub rosa*（拉丁语原意为"秘密地"，字面意为"玫瑰之下"）。在罗马人的餐厅里，如果要在房间里进行必须绝对保密的谈话，就会在天花板上挂一朵玫瑰，表示参与者必须严格保密。出于同样的原因，许多基督教教堂的忏悔室都雕刻有玫瑰，正是因为这种联系，白玫瑰成为18世纪苏格兰詹姆斯党人叛乱的象征。如今，苏格兰政府在讨

---

① Jocelyn Toynbee; *Death and Burial in the Roman World*.

论机密问题时仍然使用"sub rosa"这个暗号。

在英国，玫瑰——尤其是都铎玫瑰——出现在英国皇室的盾徽上。都铎玫瑰是白玫瑰和红玫瑰的组合。这是兰开斯特家族和约克家族的象征，这两个家族是金雀花王朝的两个敌对分支。这两个家族之间的对抗在历史上臭名昭著，最值得注意的是，在14世纪被称为"玫瑰战争"的32年内战中，这一对立达到了顶点。在这两个家族最终联合起来组成都铎王朝后，都铎玫瑰被创造出来象征联合。现在仍有一个品种叫"约克和兰开斯特玫瑰"，据说它最初是从双方发生冲突的战场上的血液中生长出来的。

吉贝（Silk Cotton Tree）: *Ceiba pentandra*

看哪，她的儿子渐渐长大，男人的枝桠和树叶，

旧世界大树的宽枝，用着羞耻的铁器和奴役的修剪钩。

他们从这片海漂流到那片海。

我为你的脚插上翅膀，直等仇敌跑尽。

直到没有祭司的殿，

向废黜君王的宝座哭诉说，

我们不也灭亡了吗？

——阿尔杰农·查尔斯·斯温伯恩《奎亚·穆图姆·阿马维特》

作为中美洲最高的树木之一，吉贝，也被称为丝棉树，可以长到 200 英尺高，只比美国加利福尼亚州那些著名的红杉略矮。对古代玛雅人来说，它是不可砍伐的神圣之树，他们称它为"亚克斯树"。根据他们的神话，第一棵吉贝树是宇宙和地球中心的象征。玛雅人将世界视为一个梅花形，由四个方向的

象限和一个与第五方向相对应的中心空间组成，由吉贝树占据。正如神话中出现的许多世界树一样，玛雅人认为吉贝树的根向下生长到地下世界，而伸展的树枝向上延伸到天堂（玛雅人有十三层天堂）。树干代表了人类生活的陆地世界，能够在生命开始和结束时上下移动。[1] 因此，毫不奇怪，玛雅人及生活在亚马孙河沿岸的现代部落，会如此崇敬这种树。除了高耸的高度，它的树冠有 140 英尺宽，几乎和它的高度一样。它种子荚中的棉花状绒毛可以纺成纤维，由此制成的产品重量轻、弹性好、防水，非常适合做绝缘体、填充和缠绕喷枪镖，密封性好，可以推动飞镖穿过管子。

吉贝对当地的生态系统也很有用，因为它在夜间开花，为夜间昆虫和蝙蝠提供了重要的花粉。泰诺人是牙买加的一个土著民族，他们认为森林里住着亡灵奥皮亚斯。它们的特征是没有肚脐，晚上出来吃番石榴的果实和吉贝的花。森林中以水果和花朵为食的蝙蝠被认为是奥皮亚斯的身体形态。

---

① Timothy Knowlton and Gabrielle Vail; *Hybrid Cosmologies in Mesoamerica: A Reevaluation of the Yax Cheel Cab, a Maya World Tree.*

在当地的传说中，许多树木夜间开花的特性使它们与复仇生物和女鬼的故事联系在一起，吉贝也不例外。玛雅人相信有伊西塔贝（Xtabay），她是一种藏在吉贝树树干里的邪恶女巫。[1] 在玛雅人的信仰中，这种树如此重要，却住着一个邪恶的灵魂，这似乎很奇怪，因为这个名字被认为是从玛雅人的自杀女神伊西塔布（Ixtab）和绞刑架演变而来的。在玛雅文化中，自杀行为，尤其是绞刑，被认为是一种体面的死亡方式，那些以这种方式自杀的人将被伊西塔布解救并带到天堂。

今天，伊西塔贝仍然以某种形式存在。在海地、路易斯安那和加勒比海的传说中，苏库扬（soucouyant）是一种生活在吉贝树中的生物。白天，她看起来像一个老妇人，一旦太阳落山，她就会蜕皮，变成一个火球，可以随意进入居民家里，吸干居民的血。像大多数神秘的吸血鬼一样，她有清点物品的强迫症，居民可以通过撒谷物来放慢她的速度以避免被她吸血。但与其他以吸血为生的吸血鬼不同的是，她把这些血带回吉贝树，并换取同样生活在那里的其他恶魔的恩惠。人们不知道这些恶魔收集居民的血做什么，但由于它们的存在，这种树在特立尼达和多巴哥群岛也被称为"魔鬼城堡"。

在加勒比海，吉贝反而像磁铁一样吸引着天黑后在地面上游荡的妖精和幽灵。幽灵总是恶意的，妖精更温和；他们的个

---

[1] Jesus Azcorra Alejos; *Diez Leyendas Mayas.*

性取决于他们在世时的身份。由于吉贝吸引的是妖精和幽灵，所以砍倒吉贝树会带来厄运，这样会让妖精和幽灵摆脱束缚，从而给附近的居民带来不幸。[1]

茄科植物（Solanaceae）: *Solanaceae spp.*

味道真好，

光滑的球形，由甜美的小溪供养。

在阴凉的角落里。

顶部和脚尖的叶子紧紧抓住它们，

好像它们是老鹰手里握着的羊心。

——圣塔勒姆的伊本·萨拉《茄子园》

在这本书中，许多茄科植物的亲缘关系都有各自的条目，比如曼德拉草、欧白英、大花木曼陀罗，当然还有臭名昭著的颠茄。值得一提的是，这个家族规模庞大，植物种类繁多。而令人惊讶的是，在我们的沙拉碗和花园里，可以发现许多上述植物的近亲；但即使是这些植物的某些可食用部分——通常是叶子和茎——也可能和它们致命的亲戚一样有毒。

茄科植物的大多数成员都含有茄碱，小剂量的茄碱具有

---

① Zora Neale Hurston; *Tell My Horse: Vodoo and Life in Haiti and Jamaica.*

麻醉作用，大剂量的茄碱会导致惊厥和死亡。茄科植物学名 *Solanum* 被认为来自拉丁语 *solamun*，意思是"安慰"或"安抚"。欧洲曾有一种安抚哭闹婴儿的方法，就是将龙葵的叶子放在摇篮中。在一些南美民族中，人们将醋栗番茄（*Solanum pimpinellifolium*，我们更熟悉的栽培番茄的野生祖先）的叶子浸泡在水中，作为治疗失眠的方法。[①]

茄子: *Solanum melongena*

大约在公元544年，中国人首次种植茄子，几个世纪后传到世界各地，随后在中东地区，特别是地中海地区广泛流行。由于在国际上的快速传播，如今在全球，茄子至少有六个完全不同的名字，最著名的是 aubergine 和 eggplant。Aubergine 是茄子在现代英国的名字，来自西班牙语的 *alberengena*，这个名字源自阿拉伯语 *al-bādhingiān*；而现代社会中使用更普遍的是茄子的美国名称 eggplant，这一名称直到1767年才出现，当时人们种植了一种白色的蛋形水果。

① Michael Weiner; *Earth medicine – Earth Foods: Plant Remedies, Drugs and Natural Foods of the North American Indians.*

melongena 这个学名源于意大利语 *malanzana*，它是 *mela insano*（疯苹果）的缩写。虽然可以在茄子的叶子中发现茄毒素，但没有证据表明食用茄子的果实或植株其他部分会导致疯狂。然而，这个绰号一直存在。约翰·杰拉德的巨著《植物通志》里写道："毫无疑问，这些（疯）苹果是有害的，其用途是完全可以预见的。"甚至在 19 世纪晚期，埃及人就有一种说法：在茄子结果实的夏天，疯狂"更常见、更暴力"。[①]

马铃薯: *Solanum tuberosum*

马铃薯最初种植于公元前 8000 年左右，起源于今天的秘鲁地区，如今已成为世界上许多国家的重要作物。它们在 16 世纪首次抵达欧洲海岸，甚至在 18 世纪享受了一段短暂的魅力时光：玛丽·安托瓦内特非常喜欢这种（马铃薯）花，她把花朵戴在头发上，这种花朵成为法国贵族中短暂的时尚宣言。到 19 世纪 50 年代，马铃薯已经成为——现在仍然是——世界第四大粮食作物，仅次于大米、小麦和玉米。

而且，就像任何广泛生长的主食一样，只要发现这种不起眼的块茎，神秘和怪兽的故事就会涌现出来。在德国，人们曾经对 *Kartoffelwolf*（字面意思是"土豆狼"）这种枯萎病采取了预防措施，据说这种枯萎病就像狼一样躺在土里，等新年马铃薯丰收的时候，吃掉一半，然后糟蹋剩下的另一半。有一段时

---

① Edward William Lane; *An Account of the Manners and Customs of the Modern Egyptians.*

间，德国人还相信，当马铃薯腐烂时，会发出足够明亮的光，人们可以借马铃薯发出的光来读书。斯特拉斯堡兵营的一名军官说，他认为自己的营房着火是因为装满了老马铃薯的地窖里发出了强烈的光线。[①]

但和茄科植物的其他成员一样，马铃薯中含有茄碱和另一种被称为"卡茄碱"的糖苷生物碱。这些毒素在野生马铃薯中的浓度足以对人类造成有害影响，尽管在现代品种中，大多数毒素已在人工繁殖过程中被消除了，毒素只出现在植株和果实的绿色部分。但这些毒素会影响神经系统，导致头痛、意识模糊、消化不良，严重时可导致死亡。尽管烹饪通常可以破坏任何毒性，但随着马铃薯留存时间的增加，化合物的浓度会增加，每千克老马铃薯中可含有高达 1000 毫克的茄碱，这是建议安全摄入量的许多倍。

番茄: *Solanum lycopersicum*

尽管番茄在我们的厨房里很常见，但它是一种名声相当可疑的水果。和马铃薯一样，番茄起源于南美洲，在 16 世纪初来到欧洲。和这个家族的其他亲戚一样，它的叶子和茎含有茄碱。番茄叶制成茶叶后，至少造成了一次有记载的死亡事件。[②]

1540 年左右，当番茄首次抵达欧洲时，正值整个欧洲大陆

[①] Richard Folkard; *Plant Lore, Legends, and Lyrics.*

[②] D. G Barceloux; *Potatoes, Tomatoes, and Solanine Toxicity (Solanum tuberosum L., Solanum lycopersicum L.).*

的巫术恐慌时期。引进的番茄品种与我们现在知道的黄色樱桃番茄相似，在外行人看来，这似乎与颠茄或曼德拉草是同一个品种，说明这两种植物在植物学上是亲戚。大约在这段时期，在农民和贵族中广为流传着能让人飞起来的药膏和能把人变成狼的药膏的传说，任何不熟悉的东西——尤其是从未知的外国进口的东西，比如美洲——都会立即受到怀疑。

狼人和女巫猎人渴望了解他们的魔法敌人，于是求助于古老的手稿——据说这些手稿包含着神秘信息。许多疑似关于魔法的书籍——比如佩加蒙的加伦（Galen，希腊最多产的医学研究人员之一）所写的论文——其中的内容包括了对尚未命名或身份不明的植物或动物的描述。这些新的、神秘的美国舶来品被仔细检查，以确定它们是否符合手稿或论文中的那些身份不明的描述；不幸的是，普通番茄似乎正好符合这种描述。

加伦的著作中详细提到了一种植物，它的名字是λυκοπέρσιον，这是一个半词，只有第一部分"狼"可以理解，音译为 *lycopersion*，在 16 世纪被误译为 *lycopersicon* 或狼桃。加伦的描述提到了一种有毒的埃及植物，这种植物果实金黄，茎部有棱纹，气味浓烈。早在 1561 年，西班牙和意大利的植物学家就猜测狼桃实际上可能是番茄。尽管商人们知道番茄起源于安第斯山脉，而不是埃及，但这种有争议的分类很难令人信服。就连路易十四的私人植物学家约瑟夫·皮顿·德图尔内福特（Joseph Pitton de Tournefort）也在其极具影响力的著作《植物元素》（*Elemens de Botanique*）中支持了这种误解，称番茄为"无纹红番茄"，即无纹的红色狼桃。

甚至在很短的一段时间里，番茄还获得了"毒苹果"的绰号，因为很多贵族貌似在吃了番茄后会生病或死亡。然而事实是，当时贵族大多数使用含铅量很高的白镴制作的盘子。番茄被切成片放在盘子上时，它的酸性会从白镴制品中滤出铅，导致许多致命的铅中毒案例。无辜的番茄又一次被陷害了。

绞杀榕（Strangler Fig）: *Ficus spp.*

他读到了，关于后来的妻子，

有人在床上杀了自己的丈夫，

她们与情人们整晚缠绵，

而丈夫的尸体正笔直地躺在地板上；

有些妻子趁着丈夫睡着了，

把钉子钉进丈夫的脑袋，

就这样杀了他们；

有些妻子在丈夫的酒里下毒药：

杀伤力之大，远超人们的想象。

——杰弗雷·乔叟《巴斯妇》

绞杀榕，也叫榕树，这是一个广义上的名称，指的是任何种类的榕属，它们的生命始于附生植物：一种生长在另一种植物上的植物。尽管榕树一词已经扩展到其他榕属植物，但"榕树"一词最初是指孟加拉榕（*F. benghalensis*），这是印度的国树。这个名称来自古吉拉特语 *baniya*，意思是"商人"，因为在炎热的天气里，商人们经常在这些树下休息和摆摊。葡萄牙商人误解了这个词，以为它指的是印度商人，而这个词在 1599 年被英语采用，意思相同。到了 17 世纪早期，这些提供树荫的树被英国作家称为"榕树"。

榕树的别称"绞杀榕"，来自这种植物的生长模式。榕树是附生植物，意味着这种由鸟类传播的种子通常在其他树的树冠上发芽，并在从未接触地面的情况下开始生长。它们向下生长，将寄主树包裹在一个树根的笼子里，直到寄主窒息腐烂，留下一个空心的榕树藤网，最终这个藤网会变厚成为树干。对于非常古老的榕树来说，这些树根可以蔓延到非常广阔的区域，呈现出整片树林的外观，每一片树林都直接与主树干相连。

在这方面，一个令人印象特别深刻的标本现存于印度安得拉邦的安纳塔普尔，在当地被称为"蒂玛玛·马里曼努"，也就是蒂玛玛榕树。蒂玛玛榕树有 550 多年的树龄，被认为是世界上最大的榕树；它的树冠面积超过 19000 平方米，树枝覆盖了 8 英亩的土地。当地有一个传说，这棵树诞生于 1434 年，当时有一位名叫蒂玛玛的寡妇，她遵循印度教的习俗（在丈夫的葬礼上，妻子要在柴堆上自焚）自杀了。她的牺牲给了从柴堆里长出来的榕树以生命。

巴巴多斯岛也因这些树木而得名。当葡萄牙探险家佩德罗·坎波斯（Pedro a Campos）在 1536 年到达这个岛屿时，他看到了许多榕树——这里的榕树品种是 *F.citrifolia*——它们沿着海岸生长，根从树干上垂下来，就像一大簇头发。他把这个岛命名为洛斯巴巴多斯——胡子岛。

榕树在印度随处可见，因其为村庄和贸易道路提供的树荫而备受喜爱，因此它已成为印度神话和日常生活的中心。根据印度神话，物质世界被描述为一棵树，树根向上，树枝向下，这就是菩提树。它实际上是一棵真正的树，位于印度的菩提迦耶。正是在这棵树下，悉达多·乔达摩佛陀（Siddhartha Gautama Buddha）在 5 世纪获得了启蒙，据说它的叶子是克利须那神的安息之地，他在《薄伽梵歌》（*Bhagavat Gita*）中首次描述了这棵树："有一棵榕树，它的根向上，树枝向下，吠陀赞美诗写的就是它的叶子。认识这棵树的人就是《吠陀经》的知者。"①

在菲律宾，榕树（当地称为 *balete*）是许多被称为"瓦塔"（Diwata）的神灵的家园。这个词的字面意思是"神"，而瓦塔会被召唤来祈祷庄稼丰收、祝福人们健康好运。当西

---

① 菩提树是一种桑科榕树。

班牙人征服菲律宾时，他们无法理解同时崇拜这么多强大的神的习俗，所以这些仁慈的神被降为 *engkanto*，即"施魔法的神灵"—— 这是一个包罗万象的词语，包括任何的类人神灵，也包括海妖、吸血鬼和祖先灵魂。

随着西班牙语的发展，出现了一大批新生物，名为 *maligno*（邪恶的神灵，西班牙语中的"maligned"）。这些生物很快就与榕树的空树干联系在了一起，当地人害怕引起这些生物的注意及随后的恶意，所以他们永远不会直接指向或提及这些树干。对菲律宾维萨亚斯地区的人民来说，这些外来的西班牙神灵被称为 *dili ingon nato*，意思是"那些不像我们的人"。其中之一是杜恩德——出现在伊比利亚和西班牙民间传说中的侏儒，起源于杜恩德·卡萨（*dueño de casa*），意为"房子的主人"，指的是一种淘气的家养神灵。

对于这些新的西班牙神灵和他们的本地神灵，岛民们依然区别对待。当地有一种叫作马人的生物，据说这种生物栖息在榕树上，是一种瘦骨嶙峋的人形动物，有马的头和蹄子，腿出奇地长，蹲下来的时候膝盖会超过头部。它也是一种典型的淘气神灵，会在榕树的树干里等待，将路过的旅行者引入歧途；或者无论他们走多远，都让他们永远回到同一条路。[1]就像芬兰的林中神隐所做的恶作剧一样，马人可以把人们的衣服翻过来或者要求人们大声哀求，才让他们穿过。在他加禄人中流传

---

[1] Isabelo de los Reyes; *El Folk-Lore Filipino*.

着一个故事，马人其实根本不是一个制造麻烦的神灵，而是元素世界的守护者，可以让任何可能靠近那个领域入口的人原路返回。

另一种更古老的、被称为 *Taotaomona* 的生物也属于榕树，意思是"史前之人"。菲律宾东部马里亚纳群岛的查莫罗人讲述了这些无头神灵的故事。像许多其他榕树精灵一样，它们很容易被冒犯，给某个人或某个地方带来坏运气。它们特有的恶作剧包括掐人、绑架人和模仿人类的声音。它们有时会附着在人类身上，使人类生病，只有去看巫医才能将它们移除。这种灵魂对人类的依恋类似于欧洲的"鬼缠身"，即死者的灵魂会依附在那些与尸体接触过的人身上。

马钱子（Strychnine Tree）: *Strychnos nux-vomica*

人在他肉盆里加进砒霜，

睁着大眼睛看见他吃光；

人在他酒杯内放进鳖精，

诧异地看见他一饮而尽；

看得人，吓得人，脸色如白衣，

下毒人结果反害了自己。

——阿尔弗雷德·霍斯曼《西罗普郡少年》第六十二篇

马钱子树原产于印度和马来西亚，因其毒性而臭名昭著。它也是基本保持不变的最古老的树种之一。1986 年，人们在琥珀中发现了它的一种花，与现代标本的外观几乎相同，被认为至少可以追溯到 1500 万年前。

这种植物的大部分毒素存在于种子中，对中枢神经系统来说是一种强大的兴奋剂，它会引起肌肉收缩，导致剧烈的抽搐，肌肉会从骨头上被撕扯下来，把身体扭曲成不可思议的姿势，通常会使人因精力衰竭或心脏骤停而死亡。由于中毒濒死时这些收缩扭曲的状况，以及会把嘴唇拉成可怕的鬼脸，人们给予它"微笑毒药"的绰号。

从历史上看，害怕中毒死亡的人摄入少量常见毒素以增强免疫力的情况并不罕见；米特里达梯就是这样，他以研制解毒药而闻名。不幸的是，这样的免疫方法对马钱子不起作用：人体对马钱子的敏感性会随着反复接触而增加，这意味着如果每天服用少量，一开始相对无害的剂量最终可能会致命。出于这个原因，有一段时间人们认为，人体不处理马钱子，只是将其储存起来，等存储量达到致命水平的时候，这个人就会死亡。

从马钱子的种子中提取的毒素已经被使用几个世纪了，但这种晶体毒素直到 1818 年才被制造出来。马钱子的两个变种——*S. tiente* 和 *S. Toxifera*——产生的毒素在爪哇岛被称为"见血封喉"，在南美洲被称为"箭毒"，用于吹管飞镖的镖头或箭头。15 世纪，马钱子作为一种灭虫剂被引入欧洲，用来对付老鼠、鼹鼠和喜鹊。尽管对哺乳动物有效，但当时人们认为应该观察并迅速扑杀中毒的鸟类，因为这种效果只会让它们"喝醉"，而且症状很快就会消失。直到 1934 年，人们还可以买到这种灭虫剂来消灭害虫，当时马钱子导致了亚瑟·梅杰（Arthur Major）的死亡，他是被妻子埃塞尔（Ethel）害死的。他最初的死亡记录为"癫痫状态"，即长时间的抽搐发作；但当埃塞尔把有毒的食物残渣给邻居的狗吃时，那条狗也死了。在对狗进行检查后，警方发现了马钱子的痕迹，埃塞尔被判谋杀罪。

亚瑟不是唯一一个被这种毒药所毒害的人。著名的克利奥帕特拉为了避免被军事领袖屋大维（Octavian）羞辱而结束了自己的生命，她首先使用奴隶来测试不同毒药的效果，包括天仙子、颠茄和马钱子等。她知道马钱子会使身体扭曲，为了确保她在死亡时看起来很美，她最终选择了像一条毒蛇一样来实施这一行为。

臭名昭著的连环杀手威廉·帕默（William Palmer）选择马钱子作为谋杀工具，他也被称为"鲁格利投毒者"。1855 年，当帕默被判谋杀他的朋友约翰·库克后，人们开始怀疑他的妻子、五个孩子、兄弟、岳母和另外两个朋友的死与他有关。最初，这些人被认为死于霍乱、中风、酒精中毒或婴儿猝死，但在帕默最终因谋杀库克被定罪之后，他企图通过贿赂法官来获得自由，于是以上这些人的死因都被推翻并重新审理。

曼陀罗（Thorn Apple）: *Datura stramonium*

.

他送给她芬芳馥郁的白花，

散发着绯红香气，

晚香玉和曼陀罗在黑暗中永不熄灭，

它们的香味洒在黄昏的脸庞上。

他对她说着纯粹的高尚的话语，

但对恍惚的耳朵来说却带着毒。

他低声吟唱着淡淡的告别，

把她的眼睛定格在一幅枝叶繁茂的画面，

画中的她在琥珀色的暮色中漫步，

走向沉睡角落里那一座寂静的坟墓。

——乔治·麦克唐纳《里里外外》第五部

曼陀罗有着锯齿状的叶子和夜间生长的白花，直径可以长到 8 英寸。它是一种引人注目的植物，在 1550 年左右被引入西方世界时，作为观赏标本是非常受欢迎的。尽管人们最初认为这种植物在此之前不可能走出美国，但它肯定在很早以前就跨越了太平洋，因为它也出现在印度神话中，甚至它的常用名称也来自梵语 *dhattura*，意思是"投毒者"。[1] 这可能是由于曼陀罗种子的耐寒性——它可以存活长达十年——更容易跨越国界和海洋。

曼陀罗（得名于保护种子的带刺圆形豆荚）与木曼陀罗有关，这两种植物在外观和毒性上都非常相似。曼陀罗是茄科植物的另一种成员，以能引起醉酒、大笑和癫狂的感觉而闻名。即使是它的花香也能引发幻觉。在美国，它被称为"金黄色杂草"，弗吉尼亚州詹姆斯镇的早期定居者在 1679 年亲身体验过这些毒性反应。后来关于这一事件的记录提到，在这片陌生的新土地上试验植物用途的居民在吃了这种植物的叶子之后，发生了多起癫狂的案例，最终导致多人死亡。[2]70 年后，在第一次反抗英国的起义中，同一城镇的居民把这种植物放进英国士兵的食物中，导致他们精神错乱了 11 天——不过这一次，士兵们很幸运，没有人死亡。

1802 年，吸食曼陀罗的叶子作为一种缓解方式仍被推荐给哮喘患者。威廉·根特将军（General William Gent）从印度带回了一种名为多刺曼陀罗（D.ferox）的植物，他宣称印度当地人使用这种植物的叶子来缓解哮喘。然而，他警告说，

---

[1] R Geeta and W Gharaibeh; *Historical evidence for a pre-Columbian presence of Datura in the Old World.*

[2] Robert Beverley; *History and Present State of Virginia.*

吸食这种叶子可能会让人产生"令人信服的现实幻觉",有些幻觉出现之后可能会持续一周。这种幻觉效应使许多毒瘾患者进行了注定要失败的实验,有一种说法描述了他们是如何丧失了自主呼吸的能力,被迫调节自己的呼吸,直到幻觉结束的。这可能是因为过量服用会导致调节呼吸和心脏的自主神经系统衰竭。在一些植物被用作占卜的地方——比如加利福尼亚或科罗拉多——几个世纪以来,人们已经对曼陀罗的效果有了全面的理解;现在都会严格控制剂量,过量的情况很少发生了。

新墨西哥州的祖尼人用曼陀罗跟死者交谈。他们认为,这种植物生长在通往祖先王国的通道上，通过一对兄妹来到这个世界，给人类提供了大量的知识。这对兄妹来自冥界，有一天，他们跟随光上升到地面，戴着白花制成的王冠，在地球上行走了很多年，向那里的人类学习，同时分享他们所知道的东西。有一天，他们遇到了太阳之父的双胞胎儿子——神之子。兄妹俩向人类讲述了旅行的过程，以及教会了人类如何看鬼、如何睡觉、如何寻找丢失之物。神之子认为这两个孩子知道的太多了，于是把他们送回冥界，这样他们就不能回到人间了，只剩下这对兄妹戴在头发上的一直长到今天的花，继续着兄妹俩对人类的教导。

曼陀罗的毒性在海地僵尸的故事中扮演了一个有趣的角色。在伏都教盛行的地方，可以看到僵尸们在面包店、田地和果园工作，进而守卫财产；它们是死后被带回来当奴隶的人。只有伏都教巫师才能复活僵尸，关于整个种植园依靠僵尸开垦，或者整个村庄被屠杀以获取僵尸的故事随处可见。[1]僵尸是当地文化中公认的一部分，每年报道的僵尸化案例多达1000起。

这听起来很不可思议，但在当地人看来，僵尸是完全真实存在的，这一切都可以归结为一种根深蒂固的文化认同，即任何人都有可能变成僵尸。1985年，民族植物学家韦德·戴维斯（Wade Davis）访问了海地，以研究 *coupe poudrel*——伏都教巫

---

① Francis Huxley; *The Invisibles: Vodoo Gods in Haiti.*

师用来制造僵尸的"僵尸粉"——到底是如何起作用的。[1]

这种粉末的主要成分是河豚毒素，一种令人难以置信的致命毒素。即使是很小的剂量也能致死，哪怕更小的剂量也能使人进入类似死亡的状态，出现神志清醒身体却麻痹的现象——河豚受到威胁攻击人类时就会产生这样的效果。在这种毒素的作用下，一个人可能会被宣布死亡并被埋葬。当伏都教巫师挖出"尸体"时，他们会使用曼陀罗和天鹅绒豆（*Mucuna pruriens*），这两种植物都会导致幻觉和失忆。在这些物质的作用下，人们会在仿佛睡梦般的麻木中复活。

这就是僵尸化的深厚文化信仰发挥作用的地方。许多出生在伏都教文化地域中的人确凿无疑地相信，一旦命运降临到你身上，逃避都是徒劳的；于是，他们的大脑毫无疑问地接受了这些改变，这也使他们更容易屈服于伏都教巫师的意志。如果这些药物是给来自不同文化背景的人服用的，其效果不太可能如此彻底，这种情况无疑是一种精神创伤。

然而，尽管困难重重，一些僵尸还是设法逃离了他们的处境，并且通过他们，我们对这个过程有了更全面的了解。1962年，一个叫克莱尔维乌斯·纳西斯的人因发烧住进了丹斯夏佩尔的一家医院，3天后去世并被埋葬。但18年后，他却出现在他姐姐家的门口，声称自己被变成了僵尸，于是他被强迫和其他僵尸共同在一个种植园工作。纳西斯回忆起了自己的葬礼，他脸颊上有一道伤疤，那是被钉子钉进棺材的时候，他脸上被

---

① Wade Davis; *The Serpent and the Rainbow and Passage of Darkness: The Ethnobiology of the Haitian Zombie.*

划伤的地方。大约在他再次出现的时候，人们发现了另外几个僵尸，他们讲述了同样的遭遇，还有他们在种植园主人死后是如何设法逃脱的。由于僵尸粉的迷幻效果持续不到一天，需要定期重复使用，以保持僵尸化状态，所以种植园主人的死亡可能就会打破这种魔咒。

曼陀罗在世界其他地方因其精神控制能力而闻名。一份17世纪欧洲的医学报告称，当一个人吞下曼陀罗子时，会"变得堕落，思想被欺骗，可以在他面前进行任何事情，而不用担心他在第二天能记住这些事"。这种精神上的疯狂能持续24小时，你可以随心所欲地对待他；第二天，他什么也没记住，什么也不明白，什么都不知道。[1] 这种效果与在海地使用曼陀罗的效果非常相似。

一种名为 D. alba 的曼陀罗亚种也曾被印度职业盗贼和刺客组织"打手"用于类似目的。他们把湿婆和迦梨当作神圣的守护神，把曼陀罗献给迦梨。他们会在抢劫游客之前，向游客提供掺有曼陀罗籽的咖喱（咖喱能掩盖苦味）。1883年发生的一桩抢劫案的记录如下。

巴萨乌尔·辛格（Bassawur Singh）是一名印度职业投毒者，他为了消除游客的怀疑，在游客面前吃了一些有毒食物。当游客吃了这些有毒食物后，失去了知觉，遭到了投毒者的抢劫。但在游客们醒来并向警方报案之后，这个投毒者在大约一

---

[1] Peter Haining; *The Warlock's Book: Secrets of Black Magic from the Ancient Grimoires.*

英里外被发现，他已经完全失去了知觉，再也没有醒过来。所有被盗财产以及曼陀罗籽均已被追回。①

山茶（Tsubaki）: *Camellia japonica*

只有冰冷的山茶花，僵硬而洁白，

玫瑰没有芬芳，百合失去优雅，

当寒冷的冬天露出冰冷的脸，

为一个追求虚荣的世界而绽放。

——奥诺雷·德·巴尔扎克《山茶花》

日本茶花，俗称"日本山茶"，是最受喜爱和最著名的山茶属之一。这些受欢迎的观赏植物原产于东亚和南亚，现在在世界各地被栽培和繁殖。日本山茶是一种原始的野生变种，主要生长在山林中。它的花期是 1—3 月，通常在下雪的时候开花，因此又被称为"冬季玫瑰"。

由于深受日本人的喜爱，数百年来，日本山茶在仪式和艺术中占据着重要地位。作为日本江户幕府第二位征夷大将军德川秀忠（Tokugawa Hidetada）等权势人物的最爱，种植或佩戴山茶花成为身份的象征。在江户时代（1603—1868 年），种植

---

① Alfred Taylor; *Principles and Practice of Medical Jurisprudence.*

· 272 ·

新的国内山茶品种成为当时流行的消遣方式。作为日本最古老的神社之一，椿大神社以这种树命名①；它建于公元前 3 年，至今仍在使用。

就连山茶树深色、坚硬的木质也被认为是一种美丽。1961 年，在福井县的考古发掘中发现了用椿木（山茶树）制作的梳子和斧柄，这些物品的历史可以追溯到大约 5000 年前。据说，在公元 71—130 年在位的传奇天皇——景行天皇曾用这种木材制成的锤子杀死敌人，并且从来没失过手。

随着武士信条的兴起，山茶与武士的关联也在继续加深。武士以喜爱樱花而闻名，他们短暂的生命似乎映照着樱花短暂而美丽的一生；但他们也常常以山茶花为代表，原因类似，却更残酷。常绿山茶花不像樱花那样逐渐凋谢，而是一次又一次地繁茂过后又突然凋谢，就像在战斗中被砍掉的头一样。因此，在日本，山茶花长久以来与死亡有关。这种联系体现在日本的花艺学——维多利亚时代的花语中。山茶花代表"优雅地死去"或"高贵地死去"。

日本人普遍认为，当某物（通常是一个没有知觉的物体）年老时，它会展现自己的精神，成为妖怪。如果它在一生中受到不公正的对待，可能会报复、寻求、惩罚那些虐待它的人。山茶花的精灵被称为"古松木之灵"，即旧松木之灵。其中一个精灵住在秋田县的观满寺，那里生长着一株有 700 年历史的山茶花，被称为"夜啼山茶花"。它背后有这样一个故事：很

---

① 山茶花在日语中被称为椿。

久以前，一位祭司听到一个悲伤而孤独的声音从树上传来，几天后，一场灾难便降临寺庙。每当寺庙即将有什么不好的事情发生时，这棵树就会在前一天大声喊叫，提醒他们可能会发生危险。

见血封喉（Upas Tree）：*Antiaris toxicaria*

但有一次，一个人打发另一个人去看那死寂的荒地，
他服从了。
他跑开了，急忙把毒药带回来：
那致命的汁液，蜡样的树枝和干枯的叶子。
他灰黄的额头上的汗水流成一条寒流。
他带着它，跌跌撞撞地匍匐在帐篷下等待他的奖赏：
一个可怜的奴隶死在他刀枪不入的主人的宝座前。

——亚历山大·普希金《见血封喉》

见血封喉树的俗名 *Upas* 在爪哇语中是"毒药"的意思，所以一种名为 upas 的植物有毒也就不足为奇了。有两种完全不同的植物在历史上被称为 upas：第一种是见血封喉，也被称为 anchar，可以长到 100 英尺高；第二种是切提克（chetik），一种爪哇岛特有的爬行灌木，会产生微量的有害毒素。尽管植物

学家在讨论见血封喉树时多次提到切提克，并对其进行了大量生物学上的描述，但从未记录过该灌木的任何学名，而且它似乎在今天已不复存在。

虽然切提克确实有毒，但它无法与见血封喉树相比，后者如此出名，以至于完全盖过了植物本身的声誉。在 17 世纪和 18 世纪，随着自然主义者和作家开始自由地前往新定居的土地，奇怪又奇妙的新故事为浪漫主义戏剧化和艺术创作提供了巨大的潜力，见血封喉树也不例外。最著名的是 1773 年约翰·尼科尔斯·弗尔什（John Nichols Foersch）的记述，他的故事使见血封喉成为世界上最毒的树。弗尔什称，这棵树释放出的气体非常致命，会使周围 15 英里的土地寸草不生，干燥贫瘠，没有生命，即使鸟儿也不敢从这种树的树梢上飞过。然而，它制造毒药的价值如此之高，以至于皇帝要求人们继续收割，任何接近这种树的人都必须站在树的上风处，并且需要戴上皮手套和带有玻璃眼孔的皮帽，以此提高活下来的概率。被派去执行这项任务的人通常是即将被处决的罪犯，他们受到了这样一个承诺的激励：如果能幸存

下来，他们的罪行将得到赦免。然而，根据弗尔什和向他展示这一奇观的牧师的说法，存活率通常只有十分之一。

俄国著名诗人普希金的一首名为《见血封喉树》的诗讲述了这个故事的一个变体。在这首诗中，见血封喉树生长在"荒凉贫瘠"的沙漠中，它的毒素被正午的高温熔化，变成湿湿的水滴，顺着树干渗出。就像弗尔什故事的开头一样，植物周围的空气充满了毒素，动物和鸟类不敢靠近它；但是奴隶被奴隶主强迫冒着生命危险去收集有价值的毒素。

任何一棵树都不可能有如此可怕的名声，尽管真正的见血封喉树的毒素本身也是完全致命的。人们一直在讨论弗尔什的故事是否真实。一些人认为，弗尔什所看到的那棵树可能产生了化感作用——分泌化学物质来杀死邻近的竞争对手——清除周围的土地。这种行为在植物世界里并不罕见：芦苇用酸杀死附近其他植物的根；桉树分泌一种油，在炎热的天气里，这种油会渗透到地下，防止竞争对手的种子发芽。然而，弗尔什关于 15 英里半径的说法有些牵强。1837 年，W.H. 赛克斯（W. H. Sykes）认为，有毒烟雾和土地的普遍贫瘠可能是火山气体导致的。这种气体具有酸性，会侵蚀树木或使树木窒息而死，有可能覆盖了广泛的区域。但无论如何，可以肯定的是，有毒的空气不是由见血封喉树造成的。

香堇菜（Violet）: *Viola spp.*

新婚床上的百合花——
护士长头上的玫瑰——
香堇菜献给死去的少女。

——珀西·雪莱《哀歌》

香堇菜是一种可食用的小型野花，因其颜色和香味而受到珍视。它们主要生长在北半球，甚至在夏威夷和安第斯山脉也有发现，有一个品种已经被培育成家养的花，我们现在称之为三色堇。这些花很香，因此很受欢迎，但有一个常见的误区，你只能闻一次。虽然不能从字面上理解，但这个故事有一定的真实性：这种花中含有的紫罗酮是一种可以产生甜味的化学物质，会在一段时间内使嗅觉感受器迟钝。

香堇菜的属名及其共同名称的衍生词均来自希腊女神厄俄涅（Ione）（她的拉丁名字是 Viola），不幸的是她是宙斯的爱慕对象。以婚外情闻名的宙斯把厄俄涅变成了一头白色的小母牛，以躲避妻子赫拉的注意。但厄俄涅对这一转变感到绝望，意识到她的余生必须吃草后，她哭了起来。宙斯很怜惜她，就把草变成了香堇菜，这样她就可以吃到更甜的东西来维持生命。

在希腊和罗马文学中，香堇菜也与哀悼和死亡紧密地联系在一起，这种象征意义至今仍存在。香堇菜通常会散布在坟墓周围，尤其是孩子们的坟墓，香堇菜会覆盖得很厚。甚至在 20 世纪早期，丧服还很普遍，在全黑时期结束后，紫色是半丧服的颜色之一。这种联想可能来自珀耳塞福涅，以及她被哈迪斯带进冥界时所承受的悲伤。当她被绑架时，她正在采集香堇菜；当她被困在地下时，她最想念香堇菜。

其至连拿破仑本人也很喜欢香堇菜，因为他的妻子约瑟芬在他们第一次见面时送了他一束香堇菜，拿破仑用香堇菜来表达对去世妻子的哀悼，在他被流放到圣赫勒拿岛之前，他只被允许返回一次她的坟墓。他发现她的坟墓上长着香堇菜，就摘了几朵放在一个挂坠盒里——这是他死后在他身上发现的。其至在此之前，当他被流放到厄尔巴岛时，他的手下就用香堇菜来确定忠诚的支持者。陌生人会被问："你喜欢香堇菜吗？"如果答案是"是"或"不是"，那么这个人显然与谋求拿破仑复辟的阴谋无关；但如果他们的回答是"嗯……"，那么他们就是忠诚的支持者。

嬉乐节的意思是快乐的节日，是古罗马在 3 月举行的庆祝活动，以纪念神西布莉和阿提斯（Attis）。这些神的故事很具有戏剧性，讲述了阿提斯的暴死和重生（他在地中海盆地的其他信仰中复活，如奥西里斯、塔穆兹和阿多尼斯）。在一系列迫使西布莉将阿提斯逼疯的事件之后，阿提斯阉割了自己，并在一棵松树下自杀，之后被宙斯作为神复活。在庆祝死亡、哀悼和重生的嬉乐节期间，人们会砍下一棵松树，放在神庙里，然后用香堇菜花环装饰，花环象征着阿提斯悲惨的死亡。西布莉的新手祭司会在仪式上重现松树脚下的场景，并在献祭中阉割自己。

香堇菜与死亡的联系也可以在罗马地区以外的地方找到。在立陶宛的民间传说中，香堇菜属于黑暗和地狱之神博克利乌斯（Poklius）。① 同样，普鲁士的死神帕图拉斯（Patulas）也经常戴着香堇菜花环。据说，他会在晚上戴着花环出现，要么用死人的头，要么用一匹马的头代替自己的头。

---

① Jonas Lasickis; *Concerning the Gods of Samogitians, other Sarmatian and False Christian Gods.*

胡桃（Walnut）: *Juglans regia*

在那里，我们看到的是古老的大理石，

上面刻有过去时代的图案，

而在这里，每一棵树上都有恋人的雕刻。

这里的地窖，是最高的房间，

当它的旧橡子倒塌时，

会被蜘蛛和蜗牛的毒液和泡沫弄脏；

我们在一棵胡桃树的树荫下发现烟囱里的常春藤。

——凯瑟琳·菲利普斯《圣人的孤独》

胡桃树在北半球和南半球都有着悠久的历史，因其大脑形状的坚果和光滑致密的木材而闻名于世。虽然世界上大多数胡桃都是在加利福尼亚州种植的，但它们被用于全球数十个行业。胡桃的果壳是一种深黄棕色的染料，在织物和木材行业很受欢迎，塑料行业使用胡桃壳制成面粉，它们甚至被用作炸药的填充剂。

胡桃在公园和大花园里很常见，它们是很有吸引力的树木，生长容易，速度快。尽管它们很受欢迎，但并不是英语国家的本土植物。胡桃的名字泄露了一切：它在古英语中被称为wealhnut，wealh 的意思是"外国"。尽管如此，自早期罗马人将其引入欧洲大部分地区以来，它一直在其本土伊朗以外的地区生长。

胡桃是无毒的，但它对生长在附近的其他植物是有害的。通过化感作用——一种植物被另一种植物毒害——可以阻止并杀死某些试图在树干50英尺以内生长的植物（远处的植物不受干扰，因为它们对胡桃树没有威胁）。化感作用并不是胡桃独有的，其他植物也会使用这种技巧；一些植物使用酸性来杀死竞争者，而另一些植物则依靠富含化学物质的油来抑制其他树根的生长。胡桃使用一种叫作胡桃酮的化合物，这种化合物会剥夺植物的新陈代谢能力，最终导致它们饿死。

很长一段时间以来，人们认为人类会成为胡桃这种反社会的"坏脾气"的牺牲品。罗马人相信胡桃树的影子是特别有害的，甚至是致命的；在英国的苏塞克斯，人们仍然可以看到这种信仰的最新版本，在那里，人们认为坐在或睡在胡桃树下会导致疯狂甚至死亡。在阿尔巴尼亚，当一棵胡桃树老得不能再结果子时，据说会被一种叫作 aerico 的生物所困扰，这种生物最初来自希腊。

伦敦托特纳姆的七姐妹路是以附近的佩奇格林中生长的七棵榆树命名的，最早记录于1619年。在这片树林的中央，长着

一棵胡桃树，好几家刊物都说它每天长得很茂盛，但从来没有长大。[①] 这棵树背后的传说有很多版本，但最流行的一个版本是，这些树是由八个姐妹种的，最小的一个妹妹在这片树林的中心种了一棵榆树。后来，她因被怀疑施行巫术而被烧死，榆树也死了，取而代之的是一棵胡桃树。现在这些树已经不复存在了，胡桃树在 1790 年就死了，榆树在 19 世纪中期也死了。但在 1996 年，它们被一圈角树所取代，每一棵角树都是由一个拥有七个姐妹的家庭种植的。

记载中最臭名昭著的胡桃可能是贝尼文托胡桃，据说它是魔鬼和女巫出没的地方。这背后的故事围绕着圣徒巴巴多斯展开，当时他是一名牧师，在公元 7 世纪末为教会服务。巴巴多斯是驱魔的能手，因贝尼文托人民崇拜一棵具有蛇形外观树干的胡桃树，他便被派去改变贝尼文托人民的信仰。在说服他

---

① Wilhelm Bedwell; *Brief History of Tottenham.*

们放弃这种异教徒方式后，巴巴多斯连根拔起了这棵树，人们看到魔鬼以蛇的形态从树根下逃跑。虽然这棵树生长的庭院仍然是空无一人，但据说每当魔鬼要安息时，一棵和原来一样大的胡桃树就会出现在同一个地方。

柳树（Willow）: *Salix spp.*

把花环放在我的灵车上，

忧郁的红豆杉；

少女，柳树树枝上结着果实；

说我的死是真的。

我的爱是假的，

但从我出生那一刻起，

我已经坚定。

在我的尸体上躺着轻柔的泥土。

——弗朗西斯·博蒙特和约翰·弗莱彻《从女仆的悲剧中摘下花环》

在沼泽的边缘，沿着河岸，在雾蒙蒙的湖泊上，柳树弯成悲伤的形状，这是一个熟悉的景象。这些巨大的、拖着尾巴的庞然大物在潮湿的环境中茁壮成长，许多关于它们的传说本质上都包裹在一种悲伤的诗意之中。幼嫩的树干在树枝的重压下弯曲，成熟的树木长出粗大的枝条，枝条垂向地面，让人想起正在哀悼的人。日本的阿伊努人赋予了它更人性化的属性：他们相信人类的脊骨最初是由柳树枝形成的。每一个孩子出生时，人们就会栽一棵柳树，孩子在一生中会继续拜访这位"私人监护人"，给它啤酒和清酒，以换取长寿。[1]

尽管柳树看起来美丽而温和，但在某些情况下，它们可能是致命的。柳树皮含有水杨酸，这是止痛药的主要成分，但酸的强度会因日晒、雨水和土壤质量的不同而有很大差异。如果剂量过大，会稀释血液，导致出血。

不仅因为柳树生长的地方常常令人毛骨悚然，尤其是在雾蒙蒙的早晨或漆黑的夜晚，当风吹起时，下垂的树枝和细长的叶子也会发出一种特殊的低语。长久以来，关于柳树独处时彼此窃窃私语的谣言比比皆是，所以建议不要在它们附近说任何秘密！在捷克，一个不能保守秘密的人不值得信任，通常被称为"空心柳树"。

柳叶弯曲的特性使它们很容易打结，因此，以一种打结魔术的形式存在已成为这些树的独特之处。在爱尔兰，人们可以

---

[1] John Batchelor; *The Ainu and their Folklore.*

一边在柳树上打结，一边向柳树许愿。一旦愿望得到满足，这个人就会回来解开这个结。在德国黑森邦，在柳树枝上打结会给人带来致命的诅咒[1]；但在英国，在柳树上打结是一种放弃不想要的洗礼的方式[2]。这种打结魔术通常是用绳子来完成的，可以追溯到早期的埃及和希腊水手，他们用绳子来绑风，通常会使用三个结：解开第一个结会释放温和的西南风；解开第二个结是北风；解开第三个结则会引发一场风暴。

关于柳树的各种传说是将它与生长的湿地上的鬼魂和超自然生物联系在一起，其中一种联系与生活在沉积岛上或河岸的灌木丛中的斯拉夫仙女有关。有一个故事讲的是一个特别的斯拉夫仙女，她白天生活在人类中间，晚上就会回到她的柳树里。她嫁给了人类，生了孩子，和丈夫幸福地生活在一起；但有一天，她的丈夫不小心把她的柳树砍倒了，以至于她当场就死了。然而，随着年龄的增长，她的儿子仍然能够通过一根用她的树木做的管子与她交流。

这个传说并不是唯一一个将柳树和音乐联系起来的。一个古老的爱尔兰信仰证明，柳树的灵魂可以通过音乐说话，许多古老的爱尔兰竖琴是由柳树制成的。据说，这些乐器弹奏出的音乐会激发一种无法抑制的跳舞冲动。根据基督教《圣经》诗篇第 137 篇，柳树的树枝原本是直的，但当犹太人将巴比伦竖琴挂在柳树上时，柳树就弯了，甚至俄耳甫斯（Orpheus）在进

---

[1] Tiselton Dyer; *The Folk-Lore of Plants.*

[2] Cora Lin Daniels and Charles McClellan Stevens, *Encyclopaedia of Superstitions, Folklore, and the Occult Sciences of the World, Vol 2.*

入冥界的不幸旅程中也带着柳枝——这是对缪斯女神的致敬，缪斯女神对他这样的诗人来说是神圣的，在神谱中被称为"赫利克尼亚缪斯"（Heliconian muses），以柳木女神 Helice 的名字命名。

然而，在围绕它的传说中，最重要的是柳树与死亡概念之间的联系。特别是在亚洲，它被认为是一种葬礼树，因为它在葬礼上备受尊敬。在中国，坟墓和棺材都会被铺上柳枝，柳枝被视为纯洁的象征，通常种植在逝者安息的地方附近。清明节是早春的一个节日，据说在这个时候死者会回归人间，人们会把柳条挂在门口，以避开不受欢迎或不安的鬼魂。在日本，据说鬼魂会被吸引到柳树林，经常出现在柳树林附近。

在英国，垂柳是维多利亚时代哀悼卡片或墓地装饰的流行图案。然而，柳树木桩有不同的用途——一根短而锋利的木桩是为杀人犯和叛徒保留的，他们死后被钉穿身体，这是人们为了阻止他们愤怒的灵魂回来缠着活人想出来的办法。直到 19 世纪，诺福克一直生长着一棵大柳树，据说这棵大柳树就是从这样一根木桩上长出来的。在希腊，柳树也有一个阴暗的角色：在伊阿宋寻找金羊毛的航行中，他在科尔基斯岛上发现了一片献给魔法女神喀耳刻的柳树树林。这些用于丧葬的柳树，由于其树枝上挂着沉重的尸体，哭声比平常更低。

叉叶木（Winged Calabash）: *Crescentia alata*

"啊！这棵树的果实是什么？这棵树结的果实不是很好吃吗？我不会死。我不会迷路。如果我摘一颗，你会听到吗？"少女问道。

然后骷髅在树中说：

"你想要什么？它只是一个头骨，一个放在树枝上的东西。"胡纳普的首领说。

——佚名《人民之武》

叉叶木是一种小型的、夜间开花的树，原产于中美洲。它的花朵很小，像皮瓣一样从树干直接生长，只在夜间开花，散发出腐肉的气味，吸引夜间活动的昆虫和蝙蝠。它的果实也直接从树干长出来，这种特征被称为"茎生花"（字面意思是"茎花"）。坚硬的、像炮弹一样的果壳很难被撬开，这是一种防止种子被捕食的防御机制。据说在很久以前，大型动物居住在这一地区时，叉叶木就已经进化出这种防御机制了。然而，由于现在这些大型动物已经灭绝，这一机制反而阻碍了叉叶木本身的生长，因为其果实不能发芽，除非壳被打破——但是这一范围内的本地动物没有能力做到这一点。不过，有人观察到家养的马能用蹄子把果壳劈开，这可能是这种树能继续存活的原因。

收获后，果壳仍有使用价值，通常被用作碗、储藏容器和装饰盒。它们也被加勒比海的塔伊诺人用来捕食鸟类。在挖空的果壳上挖洞，然后当猎人进入河流或海洋时将其戴在头上。这些鸟并不害怕漂浮的果壳，这样猎人就可以靠近它们，把它们拖到水下，而不会惊扰鸟群的其他成员。

《人民之武》一书写了叉叶木果实的起源，这本书是由基切玛雅人中的贵族在 16 世纪匿名写成的，记录了几个世纪以来的口述故事。故事讲述了第一代英雄双胞胎乌乌纳普和武库布胡纳普的事情，以及西巴尔班（玛雅的地下世界）的神是如何欺骗他们输掉了一场球的游戏的。众神砍掉乌乌纳普的头，把他的头悬挂在一棵叉叶木上。从树干上可以看到，长得像乌乌纳普头的果实在从来没有结过果实的地方长出来。这个故事很可能解释了为什么树会散发出腐烂气味、果实的形状像头骨。后来，西巴尔班的王的女儿与树中的头说话，并怀上了下一代的英雄双胞胎。这对双胞胎打败了西巴尔班的王，并找到了他们的父亲和叔叔的遗体。

玛雅人并不是唯一一个将人头和树上的水果进行比较的人。椰子树的中文名字是"越王子的头"。根据越王子的传说，他在醉酒时被刺客斩首。他的头被挂在一棵棕榈树上，然后他变成了一个壳里有眼睛的椰子。在椰子生长的太平洋岛屿上，祭祀仪式很常见，但随着印度教的传入和非暴力不杀生的习俗逐渐变得过时，椰子与人类头骨的相似性使它成为活人祭祀的首选替代品。

紫藤（Wisteria）: *Wisteria spp.*

在宅院的门口，有甜美的紫藤，
院子里的老橡树上，攀附的常春藤缠绕着。
那里矗立着阴森的旧法庭，
还有昏暗的监狱，
教堂上那古老的钟，转瞬即逝。
接下来，我来到老城墓地，
悄无声息地走进去，
在青草覆盖的坟墓上滴了一滴眼泪，
那里安详地沉睡着死者。

——约瑟芬·戴尔芬·亨德森·希尔德《回顾往事》

没有什么比盛开的紫藤更美丽的了。这些木质的、有枝条的藤蔓是老墙和房屋正面的常见附着物，可以迅速生长并覆盖大片区域。有记录以来，最大的紫藤（也是世界上最大的开花植物）生长在加利福尼亚州的马德雷山脉；它开始生长于1894

年，占地一英亩，巨大到把原来的建筑都推倒了。尽管紫藤很漂亮，但它和金链花属于同一科，毒性也一样。这种植物的所有部分都含有紫藤苷，它会导致头晕、语言障碍、恶心和昏倒。

紫藤娇嫩的紫色花朵在东亚尤其珍贵，是日本和服和簪子（发饰）中春季流行的主题。因为紫色是平民服装禁用的颜色，这种花朵曾与高贵联系在一起。它也是家族徽章上的一个流行符号，类似于欧洲纹章装饰，因为紫藤在日本是"不朽"的意思。

在韩国，野生紫藤通常生长在狭叶朴树上，这在多花紫藤传说中得到了解释。在新罗（Silla，公元前57—公元935年的王国），有两姐妹同时爱上了花郎军的花骑士。当骑士被召唤去战斗时，姐妹俩想在他离开前的最后一晚去拜访他，于是姐妹俩见面了，从而知道彼此爱着同一个人。由于姐妹俩无法放弃他，又不愿破坏对彼此的爱，她们投入池塘，死后变成了一棵紫藤树，两个人的身体缠绕在一起。当骑士从战场上回来知道了发生的事之后，他变成了一棵朴树，奔向她们，这样他们三个就可以永远在一起了。

欧乌头（Wolfsbane）: *Aconitum napellus*

关于乌头的优点，人们很少论及，

但关于乌头所带来的伤害，人们却可以大谈特谈。

——约翰·杰拉德《植物通志》

欧乌头因其致命的特性而臭名昭著。它也被称为"僧侣兜帽"，因为其花的形状有点像英国僧侣的斗篷；然而，狼毒可能是这种植物更古老的名字，因为它可以在更早的盎格鲁－撒克逊形式的单词 wulf-bana 中被发现。[1] 这种植物更有诗意的名字是"毒药女王"，在杀人案件中它是最受欢迎的。它的学名来自乌头图斯山，罗马人声称大力神赫拉克勒斯在战斗中从冥界拖出了地狱犬。三头看门狗的唾液掉到地上的地方，长出了欧乌头。

狼毒这个名字本身很可能源于它作为一种杀虫剂，动物吃下这种植物会被毒死，然后留给狼和豹等捕食者。日本的阿伊努人在捕猎熊时会用这种毒药，而阿拉斯加的阿留申人则

---

[1] Philip Miller; *The Gardeners Dictionary: Containing the Best and Newest Methods of Cultivating and Improving the Kitchen, Fruit, Flower Garden, and Nursery.*

会在捕鲸时使用这种毒药；只需要一名男子在皮划艇上手持一支带毒尖的长矛，就可以使猎物瘫痪，从而被淹死。

这种植物的每一个部分都是致命的，人或动物在摄入后的2—6个小时内就会死亡。最初的症状出现在胃肠道，接着是蚂蚁在皮肤上爬行的感觉，口腔和面部麻木及明显的虚弱。死亡的方式是心肺麻痹，导致窒息。1856年，在苏格兰丁沃尔附近，修道院的居民第一次发现了这种植物的危险。一个仆人误认为这种植物是辣根，并错误地将其根部磨碎做成酱汁，这导致两名牧师死亡，但其他人后来都康复了。希腊科隆的草药医生在《解毒药》（*Alexipharmaca*）中这样描述了中毒的感觉。

服用欧乌头后，人的下颚、上颚和牙龈，到处充斥着这苦涩的水，因为水会包裹住他的胸膛，使他在胃灼热的剧痛中窒息。他的腹部被疼痛紧紧地抓住……与此同时，他的眼泪不断地流下来；他的肚子抖得很痛，随风而痛，大部分疼痛的感觉都落在肚脐中部以下；他感到头很沉，太阳穴随之剧烈地跳动着，他的眼睛看东西都是重影的。

在地中海盆地，人们很容易发现野生乌头，因此希腊人和罗马人可以自由地将它用于邪恶的目的。奥维德称其为"丈母娘的毒药"，这个名字很贴切，因为近800年后，沃拉弗里德·斯特拉博（Walafrid Strabo）在《霍图卢斯》（*Hortulus*）中提出，如果你发现自己"被继母毒死了"，苦薄荷是对抗欧乌头的理想解毒剂。在罗马，欧乌头成为宴会杀人的罪魁祸首，

以至于公元 117 年，图拉真皇帝（Emperor Trajan）将在城墙内种植欧乌头定为死罪。

无论欧乌头生长在哪里，都与死亡、重生及通过魔法转化有关。在希腊和罗马神话中，它与阿拉克尼（Arachne）的命运有关，阿拉克尼向雅典娜（或密涅瓦）挑战编织比赛。当阿拉克尼的织布技巧比雅典娜更高超时，雅典娜一怒之下把一只欧乌头扔在她身上，把她变成了一只蜘蛛。

另一个显而易见的联系是欧乌头对狼人故事的贡献。就像它被用来处置四处抢劫的狼一样，据说它可以赶走狼人或者阻止狼人变身。[1] 然而与此同时，据说在满月期间碰到它的人会引发变狼术。

---

① Ian Woodward, *The Werewolf Delusion*.

欧洲红豆杉（Yew）: *Taxus baccata*

老杉树，抓着石头

石头上写着死者的名字，

你的纤维编织着无梦的头，

你的根缠着骨头。

阴沉的树啊，我凝视着你，

为你顽固的刚毅感到恶心，

我仿佛从我的血液里流出来，

与你融为一体。

——阿尔弗雷德·丁尼生《悼念》

如果你曾经路过基督教墓地，你很可能会看到那里生长着红豆杉树。红豆杉树的浆果深色、浓密、鲜红，它们是欧洲各地墓地的哨兵，也是最长寿的树种之一——毫无疑问，这也是它们成为不朽和复活代名词的原因之一。许多红豆杉树至少有

2000 年的历史，佩思郡的福廷欧洲红豆杉以在当地生长了大约 9000 年而闻名。但要准确地确定红豆杉的年龄是非常困难的；随着它的生长，树枝最终向下弯曲，一旦它们接触地面，就会长出一个新的树干，它仍然是原来树干的一部分，一旦第一个树干腐烂了，它就会接管。通过这种方式，这棵树实际上是不朽的。在爱尔兰奥格姆历法中，据说它代表"从古老中诞生的新的一年，新的灵魂从古老的根中诞生，形成了一个看似新鲜的新身体"[1]。

　　虽然红豆杉在基督教的教堂墓地中最为普遍，但在墓地种植它们的习俗远远早于基督教的出现。在墓地种植红豆杉最初是埃及人的习俗，后来被希腊人、罗马人接受，最后传到了不列颠群岛。甚至在罗马人将红豆杉引入不列颠群岛之前，它就已经是爱尔兰凯尔特人尊敬的哀悼之树了：他们相信红豆杉的细

---

[1] Colin Murray and Liz Murray; *The Celtic Tree Oracle: A System of Divination.*

根会通过死者的眼睛生长，阻止他们回望生前世界和怀念前世。布列塔尼人的一个类似信念是，树根通过口腔生长，释放灵魂，为下一次重生做准备。我们很容易看出这样的迷信是如何产生的。1990 年，英国汉普郡一棵古老的红豆杉被风暴连根拔起，露出了至少 30 块缠结在其根部的墓地的骨架，这就证明了这种脆弱的根很容易在陈年骨骼中扩散开来。

在威尔士，始建于 6 世纪的内文教堂以红豆杉而闻名，这些红豆杉自从被种植在那里就一直在"流血"（根据教堂记录，大约有 700 年的历史）。虽然红豆杉受损时渗出汁液并不罕见，且伤疤通常很快就会愈合，但是"哭"这么久也是不寻常的。一些传说解释了这一现象，包括无辜的僧侣因他们没有犯下的罪行而被绞死，一位尊贵的国王的无名坟墓的位置，或者对世界现状的普遍同情。

因此，几个世纪以来，红豆杉一直被浪漫化，并与鬼故事交织在一起。一个特别恐怖的故事发生在约克郡的哈利法克斯，一个牧师爱上了当地一个美丽的女孩，但女孩拒绝了他的求爱。他被拒绝后很生气，砍下了她的头，扔在一棵红豆杉树上腐烂了。这个故事没有真正的结局或寓意，但也许它反映了红豆杉有毒的本质。树的每一个部分——除了果肉——都是有毒的，没有任何真正的进化益处。这种树的叶子和树皮不会受到动物的伤害，即使是最小的量也会导致牲畜和人类死亡。为死亡而死，似乎是一个恰当的说法来描述哈利法克斯女孩的悲剧结局。

只有浆果内部的种子——从原则上讲是假种，因为它们是包裹种子的变形种皮——原因是其中含有某种毒性元素。假种皮本身无害，实际上很甜，但它里面的种子有一层能引起呕吐的外壳。通过这种方式，浆果被哺乳动物吃掉，从树上被带到另外一个可能有足够空间和光线、适合树苗生存的地方，然后被排出。

对于那些吞下并保留了浆果以外的植株部分的不幸者来说，死亡来得迅速、无情。希腊科隆的草药医生在《反毒药》（*Counter Poisons*）中描述了红豆杉中毒的症状。

当红豆杉榨出痛苦汁液时，要迅速救援。
令人痛苦的刺激汁液会搅动血管。
舌头肿胀；嘴唇突出，
在重度肿瘤中，沾着干唾沫。
牙龈有裂缝；心惊胆颤，
身心被痛苦之源袭击着；再也无法从事体力劳动了。

医生对红豆杉毒性的评估并没有夸大，还好这种树几乎没有被误认为可食用，因此人类意外中毒的可能性很低。然而，它的危险性也导致了许多黑暗的谣言：传说中睡在红豆杉树的阴影下会导致疾病或死亡 [1]，甚至有人认为把酒放在红豆杉木桶里会有毒 [2]。最后一个是不太可能的。爱尔兰的酒桶通常是由红豆杉制成的（罗伯特·格雷夫斯称红豆杉为"葡萄藤的棺材"），对饮酒者没有任何已知的危害。

---

[1] John Gerard; *Great Herball*.
[2] Mrs C. F. Leyel; *The Magic of Herbs*.

这种树确实在一些更浪漫的传说中有一席之地。墓地是逝者安息的地方，但不可否认的是，它们也有一些美丽浪漫的传说——纪念那些我们可能永远不会知道他们故事的人，那些早逝之人的墓碑，在清晨的薄雾中，呈现出一种令人悲伤的形状。许多关于红豆杉的故事都围绕着命中注定的恋人而展开，这些爱情故事在恋人们死后流传至今。

有一个特别的爱尔兰传说是关于吟游诗人费林（Phelim）的。在他的女儿迪尔德丽（Dierdre）出生后，他收到一个预言，说许多血腥的战争将会因为她的美貌而发生。为了避免这样的流血事件，费林和阿尔斯特国王康纳（King Conor of Ulster）达成协议，康纳答应把他的女儿藏起来，直到她成年，然后迎娶她。然而，随着迪尔德丽长大，她对于这门婚事逐渐不满起来，因为她并不想嫁给一个年长她许多的男人。于是，迪尔德丽从监狱里偷偷溜出来，遇见了年轻英俊的贵族内奥伊斯（Naoise），并爱上了他。他们一起逃到了苏格兰，在那里幸福地生活了很多年。但国王对自己被未婚妻拒绝感到愤怒，将这一对恋人引诱回爱尔兰，引发了两个国家之间的战争，导致包括内奥伊斯本人在内的许多人死亡。悲痛欲绝的迪尔德丽自杀了，她的坟墓上长出了一棵红豆杉树，树枝越长越宽，最后到达了内奥伊斯被埋的地方，那里又长出了一棵红豆杉，这对恋人就这样重新结合了。

这个故事与中世纪的特里斯坦和伊索尔德的传说有些相似，他们因死亡而分开，但又被坟墓之间的常春藤连接起来；还有芭芭拉·艾伦，她与情人威廉通过荆棘树重新建立了联系。

参考书目

Addy, Sidney Oldall, *Household Tales with Other Traditional Remains*, 1895.

Agrippa, Heinrich Cornelius, *Three Books of Occult Philosophy*, 1533.

Allen, David, and Hatfield, Gabrielle, *Medicinal Plants in Folk Tradition: An Ethnobotany of Britain and Ireland*, 2004.

Jesus Azcorra Alejos, *Diez Leyendas Mayas*, 1998.

Andía, Juan Javier Rivera, *Non-Humans in Amerindian South America: Ethnographies of Indigenous Cosmologies, Rituals and Songs*, 2018.

Andrews, Jean, *Peppers: The Domesticated Capsicums*, 1995.

Arnaudov, Mihail, *Snapshots of Bulgarian Folklore*, 1968.

Awolalu, J Omosade, *Yoruba Beliefs and Sacrificial Rites*, 1979.

Baker, Margaret, *Folklore and Customs of Rural England*, 1974.

Baigent, Francis and Millard, James, *A History of the Ancient Town and Manor of Basingstoke*, 1889.

Barber, Paul, *Vampires, Burials, and Death: Folklore and Reality*, 1988.

Batchelor, John, *The Ainu and Their Folklore*, 1901.

Beckwith, Martha, *Notes on Jamaican Ethnobotany*, 1927.

Bedwell, Wilhelm, *Brief History of Tottenham*, 1631.

Bergen, F. D. *The Journal of American Folklore Vol. 2,* 1889.

Bennett, Jennifer, *Lilies of the Hearth: The Historical Relationship etween Women and Plants,* 1991.

Beverley, Robert, *History and Present State of Virginia*, 1705.

Beza, Marcu, *Paganism in Romanian Folklore,* 1928.

Boguet, Henri, *Discours Exécrable des Sorciers/An Examen of Witches*, 1602.

Borza, Alexandru, *Ethnobotanical Dictionary*, 1965.

Bottrell, William, *Stories and Folk-Lore of West Cornwall,* 1880.

Boyer, Corinne, *Plants of the Devil,* 2017.

Breitenberger, Barbara, *Aphrodite and Eros: The Development of Greek Erotic Mythology*, 2007.

Brighetti, A, *From Belladonna to Atropine, Historical Medical Notes*, 1966.

Briggs, Katharine, *An Encyclopedia of Fairies*, 1976.

Brook, Richard, *New Cyclopaedia of Botany and Complete Book of Herbs*, 1854.

Brown, Michael, *Death in the Garden*, 2018.

Browne, Ray, *Popular Beliefs and Practices from Alabama*, 1958.

Burton, Robert, *The Anatomy of Melancholy*, 1621.

Carleton, William, *Traits and Stories of the Irish Peasantry*, 1834.

Carrington, Dorothy, *The Dream-Hunters of Corsica*, 1995.

Chambers, Robert, *Popular Rhymes of Scotland*, 1826.

Christenson, A J, *Popol Vuh: Sacred Book of the Quiché Maya*

People, 2007.

Clark, H. F., *The Mandrake Fiend*, 1962.

Coles, William, *Adam in Eden*, 1657.

Corner, George, *The Rise of Medicine at Salerno in the Twelfth Century*, 1933.

Cousins, William Edward, *Madagascar of Today: A Sketch of the Island, with Chapters on its Past*, 1895.

Crescenzi, Pietro de, *Ruralia Commoda*, 1304−1309.

Daniels, Cora Linn, and McClellan Stevans, Charles; *Encyclopaedia of Superstitions, Folklore, and the Occult Sciences of the World*, 1903.

Dauncey, Elizabeth, and Larsson, Sonny, *Plants That Kill: A Natural History of the World's Most Poisonous Plants*, 2018.

Davis, Wade, *The Serpent and the Rainbow*, 1985.

Davis, Wade, *Passage of Darkness: The Ethnobiology of the Haitian Zombie*, 1988.

de los Reyes, Isabelo, *El Folk-Lore Filipino*, 1889.

Debrunner, Hans Werner, *Witchcraft in Ghana: A Study on the Belief in Destructive Witches and its Effect on the Akan Tribes*, 1961.

Duffy, Martin, *Effigy: Of Graven Image and Holy Idol*, 2016.

Dwelley, Edward, *Dwelley's Illustrated Scottish-Gaelic Dictionary*, 1990.

Dyer, Thiselton, *The Folk-Lore of Plants*, 1889.

Eberhart, George, *Mysterious Creatures: A Guide to Cryptozoology*, 2002.

Emboden, William, *Bizarre Plants: Magical, Monstrous,*

Mythical, 1974.

Evans-Wentz, Walter, *The Fairy-Faith in Celtic Countries*, 1911.

Fernie, William Thomas, *Herbal Simples Approved for Modern Uses of Cure*, 1895.

Folkard, Richard, *Plant Lore, Legends, and Lyrics: Embracing the Myths, Traditions, Superstitions, and Folk-Lore of the Plant Kingdom*, 1892.

Frazer, James, *Jacob and the Mandrakes*, 1917.

Friend, Hilderic, *Folk-Medicine: A Chapter in the History of Culture*, 1883.

Gårdbäck, Johannes Björn, *Trolldom: Spells and Methods of the Norse Folk Magic Tradition*, 2015.

Gary, Gemma, *The Black Toad: West Country Witchcraft and Magic*, 2016.

Gibson, Marion, *Witchcraft and Society in England and America, 1550-1750*, 2003.

Gifford, George, *A Dialogue Concerning Witches and Witchcrafts*, 1593.

Gillam, Frederick, *Poisonous Plants in Great Britain*, 2008.

Gillis, W. T., *The systematics and ecology of poison-ivy and the poison-oaks*, 1960.

Ginzburg, Carlo, *The Night Battles: Witchcraft and Agrarian Cults in the Sixteenth and Seventeenth Centuries*, 1983.

Gooding, Loveless, and Proctor, *Flora of Barbados,* 1965.

Graves, Robert, *The White Goddess*, 2011.

Grieve, Maude, *A Modern Herbal*, 1931.

Guazzo, Francesco Maria, *Compendium Maleficarum,* 1608.

Hageneder, Fred, *The Meaning of Trees*, 2005.

Haining, Peter, *The Warlock's Book: Secrets of Black Magic from the Ancient Grimoires*, 1971.

Harkup, Kathryn, *A is for Arsenic: The Poisons of Agatha Christie*, 2015.

Harvey, Steenie, *Twilight Places: Ireland's Enduring Fairy Lore*, 1998.

Hatsis, Thomas, *The Witches' Ointment: The Secret History of Psychedelic Magic*, 2015.

Heath, Jennifer, *The Echoing Green: The Garden in Myth and Memory,* 2000.

Henderson, William, *Folklore of the Northern Counties of England and the Borders*, 1879.

Hill, Thomas, *Source of Wisdom: Old English and Early Medieval Latin Studies*, 2007.

Hooke, Della, *Trees in Anglo-Saxon England: Literature, Lore and Landscape*, 2010.

Humphrey, Sheryl, *The Haunted Garden: Death and Transfiguration in the Folklore of Plants*, 2012.

Hurston, Zora Neale, *Tell My Horse: Vodoo and Life in Haiti and Jamaica,* 1938.

Huxley, Francis, *The Invisibles: Vodoo Gods in Haiti*, 1969.

Johnson, Charles, *British Poisonous Plants,* 1856.

Johnson, William Branch, *Folk tales of Normandy*, 1929.

Josselyn, John, *New-England's Rarities Discovered in Birds, Beasts, Fishes, Serpents, and Plants of That Country,* 1672.

Kaufman, David B., *Poisons and Poisoning Among the Romans,* 1932.

Kennedy, James, *Folklore and Reminiscences of Strathtey and Grandtully,* 1927.

Kingsbury, John, *Poisonous Plants of the United States and Canada,* 1964.

Knowlton, Timothy and Vail, Gabrielle, *Hybrid Cosmologies in Mesoamerica: A Reevaluation of the Yax Cheel Cab, a Maya World Tree,* 2010.

Kuklin, Alexander, *How do Witches Fly? A Practical Approach to Nocturnal Flights,* 1999.

Kvideland, Reimund and Sehmsdorf , Henning, *Scandinavian Folk Belief and Legend,* 1988.

Lane, Edward William, *An Account of the Manners and Customs of the. Modern Egyptians,* 1836.

Jonas Lasickis, *Concerning the Gods of Samogitians, other Sarmatian and False Christian Gods,* 1615.

Lawrence, Berta, *Somerset Legends,* 1973.

Lea, Henry Charles, *Materials Toward a History of Witchcraft,* 1939.

Leland, Charles, *Gypsy Sorcery and Fortune Telling,* 1891.

Leyel, C. F., *The Magic of Herbs,* 1926.

Lockwood, T. E., *The Ethnobotany of Brugmansia,* 1979.

Lopez, Javier Ocampo, *Mitos, Leyendas y Relatos Colombianos*, 2006.

Mabey, Richard, *Flora Britannica*, 1996.

Mac Coitir, Niall, *Irish Trees: Myth, Legend and Folklore*, 2003.

Máchal, Jan, *The Mythology of all Races. III, Celtic and Slavic Mythology*, 1918.

MacGregor, Alasdair Alpin, *The Peat-Fire Flame: Folk-Tales & Traditions of the Highlands & Islands*, 1937.

MacInnis, Peter, *A Brief History of Poisons*, 2004.

Marren, Peter, Mushrooms: *The Natural and Human World of British Fungi*, 2018.

McClintock, Elizabeth, and Fuller, Thomas, *Poisonous Plants of California*, 1986.

Philip Miller, *The Gardeners Dictionary: Containing the Best and Newest Methods of Cultivating and Improving the Kitchen, Fruit, Flower Garden, and Nursery*, 1731.

Millspaugh, Charles Frederick, *American Medicinal Plants*, 1887.

Mooney, James, *History, Myths, and Sacred Formulas of the Cherokees,* 1981.

Muller-Ebeling, Claudia, and Ratsch, Christian, *Witchcraft Medicine: Healing Arts, Shamanic Practices, and Forbidden Plants*, 2003.

Multedo, Roccu, *Le 'Mazzerisme' et le Folklore Magique de la Corse*, 1975.

Murray, Colin and Murray, Liz, *The Celtic Tree Oracle: A System of Divination*, 1988.

Murray, Margaret, *The Witch-Cult in Western Europe*, 1921.

Otto, Walter, *Dionysus: Myth and Cult*, 1965.

Parkinson, John, *Theatrum Botanicum*, 1640.

Paterson, Jacqueline Memory, *Tree Wisdom*, 1996.

Phillips, Henry, *Flora Historica*, 1829.

Pollington, Stephen, *Leechcraft: Early English Charms, Plant Lore, and Healing*, 2008.

Poole, Charles Henry, *The Customs, Superstitions, and Legends of the County of Somerset,* 1877.

Porter, Enid, *Cambridgeshire Customs and Folklore*, 1969.

Porteus, Alexander, *The Forest in Folklore and Mythology,* 2001.

Pratt, Christina, *An Encyclopedia of Shamanism*, 2006.

Prior, R. C. A., *On the Popular Names of British Plants*, 1870.

Raffles, Sir Thomas Stamford, *The History of Java*, 1817.

Randolph, Vance, *Ozark Magic and Folklore*, 1947.

Rätsch, Christian, Müller-Ebeling, Claudia, and Storl, Wolf-Dieter, *Witchcraft Medicine: Healing Arts, Shamanic Practices, and Forbidden Plants*, 1998.

Rätsch, Christian, and Müller-Ebeling, Claudia, *Pagan Christmas: The Plants, Spirits, and Rituals at the Origins of Yuletide*, 2006.

Ricciuti, Edward, *The Devil's Garden: Facts and Folklore of Perilous Plants,* 1978.

Robb, George, *The Ordeal Poisons of Madagascar and Africa*, 1957.

Russell, Claire and Russell, William Moy Stratton, *The Social*

Biology of the Werewolf Trials, 1989.

Schulke, Daniel, *Veneficium (Second and Revised Edition)*, 2012.

Schultes, Richard Evans, *The Plant Kingdom and Hallucinogens Part III,* 1970.

Schultes, Richard Evans, *Plants of the Gods: Their Sacred, Healing, and Hallucinogenic Powers*, 1998.

Sébillot, Paul, *Le Folk-Lore De France: La Faune Et La Flore*, 1906.

Šeškauskaitė, Daiva, *The Plant in the Mythology*, 2017.

Seymour, St John, *Irish Witchcraft and Demonology*, 1913.

Shah, Idries, *The Secret Lore of Magic*, 1972.

Sibley, J. T, *The Way of the Wise: Traditional Norwegian Folk and Magic Medicine*, 2015.

Simoons, Frederick, *Plants of Life, Plants of Death,* 1998.

Skinner, Charles, *Myths and Legends of Flowers, Trees, Fruits and Plants,* 1991.

Spence, Lewis, *The Magic Arts in Celtic Britain*, 1949.

Spencer, Mark, *Murder Most Florid, Inside the Mind of a Forensic Botanist,* 2019.

Standley, Paul and Steyermark, Julian, *Flora of Guatemala*, 1946.

Stevens-Arroyo, Antonio, *Cave of the Jagua: The Mythological World of the Tainos*, 1988.

Stridtbeckh, Christian, *Concerning Witches, and those Evil Women who Traffic with the Prince of Darkness*, 1690.

Taylor, Alfred, *Principles and Practice of Medical Jurisprudence*, 1865.

Thiselton-Dyer, William, *The Flora of Middlesex*, 1869.

Threlkeld, Caleb, *Synopsis Stirpium Hibernicarum*, 1729.

Tompkins, Peter, and Bird, Christopher, *The Secret Life of Plants,* 1974.

Tongue, Ruth, *Forgotten Folk-Tales of the English Counties*, 1970.

Toynbee, Jocelyn, *Death and Burial in the Roman World*, 1971.

Trevelyan, Marie, *Folk-Lore and Folk Stories of Wales*, 1909.

Turner, Nancy and Bell, Marcus, *The Ethnobotany of the Coast Salish Indians of Vancouver Island*, 1971.

Turner, William, *A New Herball: Parts II and III*, 1568.

Tynan, Katharine and Maitland, Frances, *The Book of Flowers,* 1909.

Various, *A Collection of Rare and Curious Tracts Relating to Witchcraft in the Counties of Kent, Essex, Suffolk, Norfolk, and Lincoln, Between the Years 1618 and 1664*, 1838.

Vickery, Roy, *A Dictionary of Plant-Lore*, 1995.

Vickery, Roy, *Vickery's Folk Flora: An A-Z of the Folklore and Uses of British and Irish Plants*, 2019.

von Humboldt, Alexander, *Cosmos: A Sketch of a Physical Description of the Universe*, 1845.

Wade, Davis, *The Serpent and the Rainbow and Passage of Darkness: The Ethnobiology of the Haitian Zombie*, 1985.

Wasson, Valentina Pavlovna, *Mushrooms, Russia, and History*, 1957.

Watts, Donald, *Dictionary of Plant Lore*, 2007.

Webster, David, *A Collection of Rare and Curious Tracts*

Relating on.

Witchcraft and the Second Sight, 1820.

Weiner, Michael, *Earth Medicine – Earth Foods: Plant Remedies, Drugs and Natural Foods of the North American Indians*, 1971.

Wellcome, Henry Solomon, *Anglo-Saxon Leechcraft: An Historical Sketch of Early English Medicine, Lecture Memoranda*, 1912.

Wells, Diana, *Lives of the Trees: An Uncommon History*, 2010.

Westwood, Jennifer and Kingshill, Sophia, *The Lore of Scotland: A Guide to Scottish Legends*, 2009.

Wilde, Jane, *Ancient Legends, Mystic Charms, and Superstitions of Ireland*, 1902.

Wood, J. Maxwell, *Witchcraft and Superstitious Record in the South-Western District of Scotland*, 1911.

Woodward, Ian, *The Werewolf Delusion*, 1979.

Woodyard, Chris, *The Victorian book of the dead*, 2014.

Wright, Elbee, *Book of Legendary Spells: A Collection of Unusual Legends from Various Ages and Cultures*, 1974.

图字：01-2023-3254

BOTANICAL CURSES AND POISONS: THE SHADOW-LIVES OF PLANTS
by FEZ INKWRIGHT
Copyright: ©2021 BY FEZ INKWRIGHT
This edition arranged with Liminal 11 through Big Apple Agency, Inc., Labuan, Malaysia.
Simplified Chinese edition copyright: 2021 You Rong-Book City Culture Media Co., Ltd.
All rights reserved.

图书在版编目（CIP）数据

毒物图鉴：植物的暗黑生命史 /（英）菲丝·印克
莱特著；曾菡译 . —北京：东方出版社，2024.12
　　书名原文：Botanical Curses And Poisons:THE
SHADOW-LIVES OF PLANTS
　　ISBN 978-7-5207-3834-7

　　Ⅰ.①毒… Ⅱ.①菲… ②曾… Ⅲ.①有毒植物 – 图
集 Ⅳ.① S45-64

中国国家版本馆 CIP 数据核字（2024）第 037319 号

毒物图鉴：植物的暗黑生命史
（DUWU TUJIAN：ZHIWU DE ANHEI SHENGMINGSHI）

作　　者：［英］菲丝·印克莱特
译　　者：曾　菡
责任编辑：朱兆瑞
出　　版：东方出版社
发　　行：人民东方出版传媒有限公司
地　　址：北京市东城区朝阳门内大街 166 号
邮政编码：100010
印　　刷：北京中科印刷有限公司
版　　次：2024 年 12 月第 1 版
印　　次：2024 年 12 月北京第 1 次印刷
开　　本：880 毫米 ×1230 毫米　1/32
印　　张：10.25
字　　数：200 千字
书　　号：ISBN 978-7-5207-3834-7
定　　价：99.80 元
发行电话：（010）85924663　85924644　85924641